K. Arndt

Meyster's Buch der Jagd

Meyster

Vorwort

Laut einer Umfrage des EMNID-Instituts halten 79 Prozent der Bürger unseres Landes die Tätigkeit des Jägers für notwendig und nützlich; 74 Prozent sind der Ansicht, daß unsere Kinder in der Schule von der Arbeit des Jägers erfahren sollten.

Dieses Buch bringt dem Leser in Wort und Bild die Jagd mit ihren Problemen, das jagdbare Wild, die Greifvögel und das Raubwild näher. Es informiert den Naturfreund ebenso wie den aktiven Jäger über Jagdkunde und Wildbiologie. Die Fachbeiträge über das Rotwild und das Rehwild, über den internationalen Wildvogelschutz, über naturgemäße Waldwirtschaft, stammen von international anerkannten Experten.

Nach Minister Ertl ist die Jagd so zeitgemäß wie eh und je – hat jedoch eine veränderte Aufgabe: »Wenn die Jagd in der Vergangenheit dem Menschen das Überleben in einer sich selbst überlassenen wilden Natur ermöglichte, so muß sich der Jäger heute für die Erhaltung der noch vorhandenen Bereiche ursprünglicher Natur einsetzen«, sagte der Minister. Und: »Heute wissen wir, wo der Schuh unserer Tierwelt drückt: Entscheidend ist in aller Regel die Qualität unseres Lebensraumes. Sie bestimmt, daß hier einzelne Arten teilweise sogar wirtschaftliche Schäden bereiten.«

Aus diesen Tatsachen ergeben sich die Aufgaben der Jäger von heute. Hier zu regulieren und dort zu schonen ist nur ein kleiner Teil in ihrem Aufgabenbereich. Auch die im Jagdgesetz verankerte Hege ist viel umfangreicher als ehemals, nämlich als Biotophege: Der Jäger hat dafür zu sorgen, daß wenigstens kleine Teile der Land- und Forstwirtschaftsflächen so gestaltet werden, daß auch wilde Tiere heute noch dort leben können.

Dazu ist jedoch die Finanzierung durch die Revierinhaber notwendig. Die Jägerschaft muß für einen Naturschutz sorgen, der keiner anderen Naturschutzorganisation in dieser Form abverlangt wird. Trotzdem ist es fraglich, ob diese Bemühungen ausreichen werden, um den Rückgang vieler Wildarten aufhalten zu können. Ich denke dabei besonders an die Wald- und Feldhühner, an die Hasen und an viele andere, nichtjagdbare Tierarten. Die einstige agrare Kulturlandschaft mit ihren vielfältigen Landschaftsbildern, die der behutsam wirtschaftende Bauer lange Zeit bewahrte, wird seit einigen Jahren tiefgreifend verändert und dadurch zerstört. Freilebende Tiere finden nur noch schlechte Lebensbedingungen, nicht nur in der offenen Landschaft, sondern auch in unseren Wäldern.

Durch die Unkraut- und Schädlingsbekämpfungsmittel, die landwirtschaftlichen Maschinen und den Kunstdünger wurde die Produktion so stark intensiviert, daß in den meisten Regionen die Pflanzen- und Tierwelt unerträglich verarmte. Dieser Prozeß hält an.

Die Hauptschuld an der Verarmung der Natur und ihrer Zerstörung tragen Land- und Forstwirtschaft, Flurbereinigung und Straßenbau, Wochenendsiedlungen und Modellflugplätze, Bachbegradigungen und die Trockenlegung von Feuchtgebieten und Teichen (über den Umweg der Müllkippe, versteht sich).

Jäger, Naturschützer und Umweltschützer sind allein nicht in der Lage, diese negativen Entwicklungen zu verhindern. Unsere Industriegesellschaft fühlt sich, ihren wortreichen Bekenntnissen nach zu urteilen, der Natur verbunden, in Wirklichkeit entfernt sie sich jedoch immer weiter von ihr. Es erscheint zum Beispiel sehr harmlos, ja sogar begrüßenswert, wenn eine Gemeinde ein Gebiet mit besonderem Erholungswert ausweist. Kurz darauf stehen dort eine Minigolfanlage, eine Grillhütte und ähnliches. Für Flora und Fauna ist es dann zu spät, der Erholungswert ist auch verschwunden.

Tiere – auch wenn sie Kulturfolger sind – können sich an die sich verschlechternden Lebensbedingungen nicht anpassen. Dazu wären Jahrhunderte nötig. Der in der Sasse sitzende Hase und das brütende Feldhuhn können nicht wissen, was ein Traktor, der drei verschiedene landwirtschaftliche Geräte hinter sich herschleppt, für sie bedeutet. Ihre natürliche Reaktion – das Sichdrücken – ist für sie lebensgefährlich.

Der Bussard weiß nicht, daß Starkstromanlagen für ihn tödlich sind. Rehe wissen nicht, daß sie den Autoverkehr abwarten müssen, bevor sie eine Straße überqueren. Amphibien müssen zu ihren Laichplätzen, auch wenn eine Autobahn dazwischenliegt. Die Natur verlangt das. Und nur wenige von vielen Hundert werden diese Veränderung überleben.

Intensive Wirtschaftsmethoden drängen das Wild, insbesondere das Rehwild, in den Wald. Aber auch der Lebensraum Wald wird immer stärker eingeengt, da die Kunst des Waldbaues vielen, die dafür verantwortlich sind, nicht mehr bekannt ist. Viele von ihnen sind keine Jäger mehr. Um Verbißschäden zu verhüten, fällt ihnen nur ein, die Tiere abzuschießen oder sie einzugattern.

Wäre es nicht besser, Jagd und Forstwirtschaft zu trennen? Denn die Jagd, eine Kulturleistung und spezielle und legitime Form der Landnutzung, das »Wildlife Management«, gehört unter die Obhut der Jäger.

Der Waldbau hingegen ist der Beruf des Forstmannes. Das Wild kann nicht länger ein manipulierbares Objekt im Forstgefüge sein. Die Jägerschaft sollte nicht länger die Rolle der weisungsgebundenen Vollstrecker spielen. Auch der Deutsche Jagdschutzverband ist über die augenblickliche Entwicklung besorgt. Jäger sind an der Vermeidung von Wildschäden ebenso interessiert wie Forstleute. Forstleute aber messen Wildschäden mit anderen Maßstäben als die übrigen Waldschäden. Diesen Eindruck gewinnt man jedenfalls, wenn in Berichten über die Störfaktoren des Waldbaues das Wild an erster Stelle, noch vor Wind- und Schneebruch, erscheint. (Dr. Frank berichtet in diesem Buch über das Ergebnis einer in Österreich durchgeführten Forstinventur; da sehen die Ergebnisse schon anders aus.) Ihr Verständnis für die Sorgen der Waldbauer haben die Jäger bewiesen – indem sie bei Rot- und Rehwild in den vergangenen Jahren reguliert haben wie nie zuvor. Die Ergebnisse der drastischen Abschüsse beweisen, daß eine Senkung der Wilddichte allein das Problem nicht löst, im Gegenteil!

Die erhöhten Abschußraten machen deutlich, daß die betroffenen Wildarten sehr verschiedene Lebensansprüche haben und den Jagdstreß unterschiedlich schlecht verkraften. Das Rotwild ist durch die Einengung seines Lebensraumes zu einem Nachttier geworden. Das Rehwild wird es noch werden.

Der Jagddruck treibt diese Entwicklung voran. Es ist nicht möglich, dem Wild rechnerisch eine sogenannte tragbare Dichte zuzuweisen. Um vertretbare Wilddichten festzulegen, benötigt man mehr als einen Rechenschieber. Durch eine zu geringe Wilddichte wird der Familienverband zerstört und Schadverhalten stimuliert, nicht verhindert. Das einzelne Rottier wagt sich nicht mehr – ohne den Schutz des Rudels – zu den Äsungsplätzen, sondern bleibt im Wald und schält. Nur der naturnahe und wildfreundliche Waldbau kann hier Abhilfe schaffen.

Nicht durch Wohlverhalten ist der Jäger ein vollwertiger Partner des Natur- und Umweltschutzes geworden, sondern durch sein frühzeitiges Engagement für den Schutz des Lebensraumes, für Tier und Pflanze und damit auch für den Menschen.

Die Jäger dürfen sich nicht damit zufriedengeben, ihren Beitrag zum Naturschutz zu leisten, sondern müssen noch viel mehr als bisher die neuen Aufgaben erkennen. Dazu gehört auch das Verhältnis Wild – Wald – Landschaft. Dann wird der Jäger in Zukunft noch mehr als bisher die Verantwortung für Wildtiere und ihre Umwelt übernehmen können.

Ein großer Teil der Bürger steht hinter den Jägern. Man hat erkannt, wie wichtig die Tätigkeit des Jägers ist. Dies sollte Verpflichtung und Ansporn für die Zukunft sein. Umwelt- und Naturschutz gehen uns alle an. Die Jagd ist für den Jäger eine permanente Prüfung.

Die fortgeschrittene Technisierung, die Zunahme der Bevölkerung und unser wachstumsorientierter Lebensstil beanspruchen jeden Tag und unwiederbringlich wertvolle Natur- und Kulturflächen. Wie soll es in den Industrieländern Ende des 21. Jahrhunderts aussehen, wenn wir nicht gemeinsam auch für ein Wachstum unserer Umweltqualität eintreten?

Zugegeben, durch wirtschaftliches Wachstum werden unsere Lebensbedingungen entscheidend verbessert. Dieses Wachstum war notwendig und ist mit Ziel und Maß auch weiter vertretbar. Aber im letzten Viertel des 20. Jahrhunderts brauchen wir andere Wachstumskriterien. Wir müssen uns um ein Wachstum bemühen, das auch und sehr weitgehend qualitative Kriterien berücksichtigt.

Diese Forderung ist an unser Wirtschaftssystem, an unsere Politiker zu richten, obwohl sie mit unpopulären Entscheidungen verbunden ist. Damit die Angst davor nicht zur Untätigkeit führt, ist unser aller Engagement um ein qualitatives Wachstum, um mehr Umwelt- und Naturschutz und damit um mehr Lebensqualität wesentlich.

Wichtig ist, daß wir deutlich machen, was in Zukunft stärker wachsen und was nicht so stark wachsen soll. Wir sollten jeder Politik kritisch gegenüberstehen, die mit irgendeinem, wenn auch beherrschbaren Risiko im Umweltbereich verbunden ist. Es ist bedenklich, wenn versucht wird, Bürgerinitiativen gegen Naturzerstörung immer noch als egoistisch und verantwortungslos abzuqualifizieren. Sie verfolgen Sonderinteressen, heißt es dann. Als ob zum Beispiel der Autobahnbau durch zusammenhängende Waldgebiete oder landwirtschaftliche Kulturflächen gegen den Willen der Bevölkerung nicht Sonderinteressen verkörpern würde.

Es besteht ein Zusammenhang zwischen allem Leben auf dieser Erde. Dieser muß erhalten werden. Das dürfen wir nicht vergessen. Auch der Jäger muß deshalb seine Aufgabe mit dem Blick aufs Ganze erfüllen.

Prof. Dr. med. vet. Alexander Herzog, Gießen

Sie finden keine Deckung mehr: Flüchtende Rehe . . .

Wenn wir das hohe und reine Glück, das die »Rückkehr zur Natur« bedeutet, genießen wollen, müssen wir den Umgang mit dem ungebändigten Tier suchen, auf sein Niveau hinabsteigen, uns von ihm zum Wetteifern angestachelt fühlen, es verfolgen.
Dieser subtile Ritus ist Jagd.
Beim Jagen hat die Luft einen köstlicheren Reiz, wenn sie über die Haut gleitet oder in die Lunge eindringt; der Fels gewinnt eine eindrucksvollere Gestalt, und die Pflanze erfüllt sich mit Sinn und Bedeutung. Aber all dies geschieht, weil der Jäger, während er sich vorpirscht oder zusammengekauert wartet, sich unterirdisch mit dem Tier verbunden fühlt, ob dies nun in Sicht oder verborgen oder abwesend ist.

José Ortega y Gasset

Gedanken über die Jagd

Wenn Menschen vor Jahrtausenden dem freilebenden Wild nachstellten, um sich mit dem Fleisch der erlegten Tiere zu ernähren, sich mit ihrem Fell vor der Kälte zu schützen oder mit ihrem Fett die Lampen zu speisen, nennt man das Jagd.
Wenn Tiere verfolgt und getötet werden, weil sie den Menschen bedrohen oder sein Besitztum angreifen, wird auch das als Jagd bezeichnet. Wenn die Mode und die mit ihr verbundenen Erwerbszweige das Fell oder die Haut oder die Federn eines Tieres für besonders brauchbar erklären, so daß diese Tiere nahezu ausgerottet werden, wird auch dafür der Begriff Jagd verwendet. Wenn Abertausende von Zugvögeln in den Schrotgarben oder an den Leimruten enden, glauben die Täter, nichts anderes als ein verbrieftes Recht auf Jagd auszuüben. Wenn über die abgeernteten Felder die Kette der Treiber ausschwärmt und Hasen und Fasanen vor die Flinten treibt, ist das ebenfalls nichts anderes als Jagd, und wenn schließlich der Gamsbock vom verschneiten Berggrat heruntergeschossen wird, ist auch das zweifellos Jagd.
Ist Jagd also alles, was mit Erschießen, Erschlagen, Fangen und Töten zu tun hat? Sind wir Jäger also Menschen, die nur danach trachten, freilebende Geschöpfe zu töten?
Sagen wir es offen: Es gibt kaum ein Wort, das so verhängnisvoll mißbraucht wird, wie das Wort Jagd – vielleicht das Wort Liebe ausgenommen.
Und noch etwas: Auch wir Jäger sind uns nicht immer einig, was wir unter dem Begriff Jagd zu verstehen haben. So vielfältig die Jagdausübung ist, so vielfältig sind die Vorstellungen über den Inhalt dieser Tätigkeit, das Motiv, die richtige Methode, die vertretbare Zahl von Abschüssen, die sachkundige Auswahl.

Je nach Gegend und Wildbestand, nach Jagdtradition und mehr oder minder bewährten Anschauungen, je nach Erfahrung und Buchwissen werden Standpunkte eingenommen und vertreten. Was hier alter Brauch, ist dort verpönt. Was in dem einen Land selbstverständliche Übung ist, würde im anderen den Jagdschein kosten. Ein Tier, das in der einen Gegend unter dem Schutz des Gesetzes steht, wird keine halbe Tagereise weiter mit der größten Selbstverständlichkeit zur Strecke gebracht. Und selbst im eigenen heimischen Wald ist die Unsicherheit zu Hause. Hieß es noch beim Vater des heutigen Jägers, daß Jungtiere unter allen Umständen zu schonen seien, wird heute der Abschuß »mindestens zur Hälfte aus der Jugendklasse« zur Pflicht gemacht. Gab es noch vor einigen Jägergenerationen keine schlimmere Entgleisung, als weibliche Rehe zu bejagen – sie hat solchen »Sündern« auch den Namen »Schürzenjäger« eingetragen –, ist es heute Pflicht eines jeden Jägers, das »naturgewollte« Geschlechterverhältnis durch Abschuß von Geißen anzustreben.

Wie soll der Jäger sich seiner Haltung sicher sein? Weder das Althergebrachte, das sich anscheinend über Jahrzehnte bewährt hat, gibt ihm Sicherheit, noch das Neue, das ihm oft gegen Gefühl und Überzeugung geht. Er kennt heute – in unseren Gegenden zumindest – seine Aufgabe. Er weiß, daß diese Aufgabe Pflichtbewußtsein, Beherrschung und Überwindung voraussetzt. Und Wissen. Vor allen Dingen Wissen um die Zusammenhänge der Natur, um die unerbittliche Folgerichtigkeit jeder Korrektur, jedes Eingriffs in die Natur. Dem Jäger ist heute eine Funktion übertragen, ohne die ein Weiterleben unseres Wildes nicht denkbar ist. In Revieren, die in erster Linie Rot- oder Rehwildbestand haben, läßt sich der Zeitpunkt sogar annähernd errechnen, wann, wenn der Jäger nicht eingreift, das Wild kümmern, kränkeln und schließlich sterben muß. Zahlreiche Experimente der Verhaltensforscher haben diese These untermauert.

Naturschutzgebiete mit ursprünglich idealen Voraussetzungen für eine oder mehrere Wildarten waren und sind Bühnen, auf denen sich das Drama der Überbevölkerung abspielt – es sei denn, die Auslese der Alten, Kranken und Schwachen erfolgt durch Raubtiere, die für diese Aufgabe von der Natur besser ausgerüstet sind, als ein Mensch es jemals sein kann.

In vielen Gebieten aber hat der Mensch im Verlauf seiner Geschichte alle Raubtiere ausgerottet. Er bediente sich dazu eines einfachen, äußerst wirkungsvollen Verfahrens: Er teilte die Tiere ein in nützliche und schädliche.

»Nützlich« waren alle jene, die dem Menschen Fleisch, Milch, Eier, Fell oder Wolle lieferten, die sich vor einen Wagen spannen ließen, auf denen man reiten konnte oder die das Haus bewachten. Nützlich waren auch jene, die das Ungeziefer von den Bäumen oder die Würmer aus dem Boden pickten, die Fliegen fangen oder schöne Lieder singen konnten.

»Schädlich« waren alle anderen, insbesondere aber jene, die den »Nützlichen« nachstellten und »mordgierig« töteten. Folgerichtig war die Amsel nützlich, die im Garten nach Würmern suchte, und der Sperber schädlich, der die Amsel schlug. Der Fisch war nützlich, weil sein Fleisch gut schmeckte, der Fischotter schädlich, weil er sich von Fischen ernährte.

Es galt nun, die »Nützlichen« zu schützen, indem man die »Schädlichen« fing, auf sie »Jagd« machte, sie erschlug, wo man ihrer habhaft werden konnte. Die unerbittliche Verfolgung galt natürlich in erster Linie den großen Raubtieren. Um so mehr, als sie oft nicht zwischen dem Beutetier auf freier Wildbahn und dem Haustier des Menschen unterschieden. So kam zur unbezweifelten Berechtigung noch die heilige Empörung. Der Luchs wurde ausgerottet, der Bär mußte sterben, der Wolf wurde verfemt, der Geier verschwand. Auch die Wildkatze starb aus, und der Adler entging nur mit knapper Not dem gleichen Schicksal. Jetzt glaubten wir Jäger, die Ordnung wiederhergestellt zu haben.

Im winterlichen Stangenwald gibt es keine Äsung für das Rotwild. Es würde verhungern, wenn der Jäger die Futterstellen nicht regelmäßig versorgen würde.

Wie folgenschwer und verhängnisvoll der Irrtum war, stellte sich heraus, als im Verlauf der Zeit jene Wildarten, die nun keinen natürlichen Feind mehr hatten, sich ungehemmt und ohne Rücksicht auf die vorhandenen Äsungsmöglichkeiten vermehren konnten. Zwar griff die Natur selbst in exponierten Lagen durch harte Winter, Lawinen und Steinschlag ein, aber dadurch wurde nicht verhindert, daß sich das Rotwild bald an jedem Tannenschößling vergriff, das Rehwild keinen Gemüsegarten mehr schonte und das Schwarzwild die Kartoffeln schon im Frühjahr aus dem Boden grub. Durch die ungehemmte und keinem Regulativ mehr unterworfene Vermehrung, die nur noch vom Nahrungsangebot abhängig war, sank die Gesundheit, die Widerstandskraft gegen Krankheitskeime, Parasiten und Seuchen.

Der Jäger und seine neue Aufgabe

Aber kein Wolf war da, um ein altes oder krankes Stück Wild zu reißen, kein Luchs, der dafür gesorgt hätte, daß nur der starke, lebensfähige Nachwuchs erhalten blieb.
Da bekam der Jäger seine neue Aufgabe.
Wildbiologen und Forstingenieure schreiben dem Jäger auf das Stück genau den Abschuß vor und verweisen auf unwiderlegbare Zahlen von Bestand, Zuwachs und Zielwildstand. Die vorgelegte Rechnung ist einfach und einleuchtend. Man kann nur so viele Rehe im Wald dulden, als sich in der futterarmen Zeit durchbringen können. Der Jäger darf dazurechnen, was er selbst an die Futterstelle bringt. Der Jäger darf von der Rechnung abziehen, was am Straßenrand als Opfer des Verkehrs liegenbleibt. Den Rest hat er selbst auszugleichen.
Dieser »Ausgleich« ist die härteste und am wenigsten verstandene Aufgabe des Jägers. Wie kann man als fühlender Mensch ein so wunderschönes, argloses Tierchen wie ein Rehlein erschießen? Was für brutale, archaische Instinkte müssen einen solchen Menschen leiten! Der Jäger sieht sich plötzlich in die Verteidigung gedrängt. Er weiß, daß der Abschuß richtig war, notwendig vielleicht, aber wie soll er sich erklären? Wie soll er klarstellen, daß der Bestand, der Weiterbestand des Wildes nur dadurch gesichert werden kann, daß die überzähligen Stücke abgeschossen werden und daß er sorgfältig und verantwortungsvoll ausgewählt hat, bevor er gerade dieses Stück auf die Decke legte?

»So sind sie – die Jäger!«

Die Kritik, die Ablehnung, die Vorwürfe machen den Jäger unsicher. So sehr, daß selbst ernsthafte und erfahrene Weidmänner vor der Frage zaudern, ob die Jägerschaft dem Tierschutzverein beitreten könne oder nicht. Als ob nicht beide das gleiche Ziel hätten!

In unseren Wäldern gibt es ihn nicht mehr. Der Wolf, das scheue Tier, wurde als Schädling verbannt.

Als ob nicht feststünde, daß noch keiner ein guter Jäger war, der die Tiere nicht liebte, als ob nicht gerade der Jäger zuerst und zumeist getroffen wäre, wenn es keine freilebenden Tiere mehr gäbe! Wenn der Jäger heute eine Begründung für sein Jagen sucht, klingt sie zu oft nach Ausrede. Mit Freuden und mit Überzeugungskraft kann er jedoch einem Weidkameraden gegenüber den Abschuß schildern, die Auswahl begründen, weil er voraussetzen darf, daß der andere weiß, warum gejagt werden muß, nach welchen Grundsätzen und mit welchen Wertmaßstäben.

Der Jäger schildert seine Erlebnisse an seinem Stammtisch, der Tierschützer in seinem Kreis. Jeder teilt seine Ansicht in seiner Fachpresse mit. Wo die Ansichten einmal zufällig übereinstimmen sollten, wird das übersehen oder dementiert. Der Jäger will nicht sehen, daß der Tierschützer Hunderte von Nistkästen an die Bäume hängt, daß er den ganzen Winter die Singvögel füttert, daß er sich für den Schutz der Greifvögel einsetzt, daß er Junghasen und Rehkitze vor dem Vermähen retten will. Der Tierschützer will nicht sehen, daß der Jäger Wagenladungen von Futter im Wald auslegt, um das Wild durch den Winter zu bringen, daß er Brutkästen für das Wasserwild anbringt, daß er sich bereits aktiv und dauernd für den Naturschutz eingesetzt hat, als dieses Wort noch nicht in Mode war, daß er auch dort hegt und wacht, wo es sich nicht nur um jagdbare Tiere handelt.

Aber die Zeit der großen Gegensätze scheint vorbei zu sein: Tierschützer und Jäger helfen sich bei Biotop-Hegemaßnahmen. Sie sorgen gemeinsam für Feuchtplätze, sie räumen gemeinsam alte Hohlwege und Mul-

Damschaufler im hohen Gras: Von September bis Januar ist die Hauptjagdzeit. Das Damwild geht – unbeirrt durch Unruhe – nach wie vor am Tage äsen.

den, die mit Müll verschüttet sind. Aber wie gut man sich mitunter auch versteht, der Tierfreund hat doch immer noch ein Argument gegen den Jäger, das – leider – nicht zu widerlegen ist. Mancher Tierschützer hat seinen »Musterfall«, sein »typisches Beispiel« von einem Jäger, der einen Mäusebussard abgeschossen, einen Fuchs mit dem Tellereisen gefangen oder ein Reh erst mit dem vierten Schuß zur Strecke gebracht hat. Was liegt näher, als bei solchen Beispielen zu sagen: »So sind sie, die Jäger!«

Was hindert den Jäger, in aller Offenheit zu gestehen, daß solche Fälle noch vorkommen, daß aber sowohl das Gesetz wie das konsequente Bemühen der Jäger, solche Unbelehrbaren aus ihren Kreisen zu entfernen, dafür sorgen, daß solche Beispiele immer seltener werden. Kein Jäger, der nicht mit Überheblichkeit geschlagen ist, wird für sich Unfehlbarkeit in Anspruch nehmen. Dazu ist die Jagd zu sehr vom Unvorhergesehenen, Unberechenbaren durchsetzt.

Jäger und Tierschützer sollten zusammenarbeiten. Sie haben – letzten Endes – die gleichen Ziele. Nur mangelnde Information hält sie bisher auseinander.

Walter Oehry

Das anpassungsfähige Damwild liebt mastreiche Laubwälder.

Die Jagd ist nicht nur Sport und Hobby. Jagen ist auch Hege mit der Büchse.

Die Vertreibung der Hirsche

Im Jahre 1746 hatte der königlich-sächsische Jäger und Forstmann Heinrich Wilhelm Döbel in seinen »Jäger-Practica« die »wohlgeübte und erfahrene Ausübung der Jagd« als eine Wissenschaft vorgestellt und vom edlen Hirsche gleich zu Anfang gesagt, daß es »eines wohlexercirten Weidmanns vornehmstes Prädicat sey, ein hirschgerechter Jäger genennet zu werden« – ein ethischer Grundsatz, voller Achtung und Bewunderung vor dem herrlichen Wild, unserem Mitgeschöpf.

Bedeutende und fähige Forstleute haben schon vor einigen hundert Jahren erkannt, daß Hochwild nicht allein als Objekt sportlicher Jagd betrachtet werden kann.

Schon einmal drohte die Existenz des Rotwildes als »unzeitgemäßes« Wildtier in Frage gestellt zu werden. Die schon damals berühmten Lehrmeister der Jagd, D. Raoul Dombrowski (1833–1896) und Ferdinand von Raesfeld (1855–1929), schufen durch sorgfältige Analysen und Anleitungen neue Grundlagen, die die Existenz dieser Tierarten nicht nur verteidigten, sondern deren Stellenwert klar aufzeigten.

Die ursprünglichen Lebensräume des Rotwildes waren die grasreichen Blößen und die fruchtbaren Waldsteppenränder. Als der Bauer große Teile dieser ursprünglichen Lebensräume zu bebauen begann, entstand der Konflikt zwischen Jägern und Landwirten, zum Teil auch deshalb, weil die

Rotwild lebt in Rudeln, aber getrennt nach Geschlechtern. Nur zur Brunftzeit kommen Hirsch und Tier zusammen. Sechs Wochen vor bis drei Wochen nach der Setzzeit entfernt sich das Tier von seinem Rudel, um in Einsamkeit und Ruhe das Kalb auf die Welt zu bringen und großzuziehen.

Grundbesitzer mit Jagdneigungen Bannwälder und Hirschgärten schufen. Diese »Ausweichquartiere« ermöglichten aber die Erhaltung der heimischen Wildart.
Die Konflikte mit der Forstwirtschaft kamen später. Sie entstanden, als nach dem Raubbau an den artenreichen, natürlichen Wäldern die Reinertragswälder gezüchtet wurden.
Die Existenz des Hirschwildes wurde in den Wirtschaftswald nicht einkalkuliert. In der gleichen Weise, wie die Verwirtschaftung des Waldes zunahm, nahm der Lebensraum für die größte freilebende Tierart in Europa ab. Es nützte dem Wild nichts mehr, in das Nachbarareal zu flüchten. Dort gab es auch nur Fichtentriebe und -rinden zu äsen und zu schälen. Das Tier wurde zum Schädling erklärt. Viele Beweisführungen dokumentieren, daß wir uns den Forstschädling Hirschwild nicht mehr leisten können. Hirschwild ist unzeitgemäß, heißt es.
In den zahlreichen zweckbestimmten Beweisführungen erscheinen Zahlen, die Wildfreunde, Fachleute, sogar Jäger beeindrucken, weil diese die Hintergründe und tatsächlichen Sachverhalte nicht kennen, nicht kennen können.
Warum scheint das Hochwild heute unzeitgemäß zu sein? Warum verfallen so viele Freunde des Wildes in ratlose Resignation?
August Wilhelm Döbel sagte vor zweieinhalb Jahrhunderten: »Es ist dahero, was das Weidwaerk anlanget, derer Philosophen und Naturkündiger ihren Muthmaßungen nicht Glauben beizumessen, sondern wer was Gewisses sagen und schreiben will, muß es selbst in der Praxis gehabt haben . . .«
Dieser Grundsatz gilt auch noch heute, aber er wird oft falsch interpretiert.
Wildtiere brauchen Ruhe, und Ruhe wird immer seltener. Zu Hektik, Hast, Ungeduld und Mangel an Gelassenheit – auch im Umgang mit Wild und Wald – paßt kein Wildtier, das unberechenbar reagiert, wenn seine Ansprüche von uns nicht mehr respektiert werden. Hochwild ist unzeitgemäß, heißt es.
Ein Rothirschleben sollte fünfzehn

Eine Lichtung im Fichtenwald – sie wird bald wieder dunkel sein. Denn der Kahlschlag ist schon aufgefichtet.

Damwild braucht Weiden, Holunder, Brombeeren und junge Laubholztriebe. Feld und Wiese liebt es ebenso wie den Wald. Das edle Hochwild kann in Gattern über dreißig Jahre alt werden.

Jahre währen, das eines starken Keilers acht oder wenigstens sechs, und keine Nutzholzart ist wirklich reif unter hundert Jahren. Wer die Jägerei von Kindesbeinen an erlernte, selbstkritisch und interessiert blieb, konnte sich mit dreißig bis fünfunddreißig Jahren dazugehörig fühlen. Auch in der Wissenschaft gab es Bewährungsfristen von zehn bis zwanzig Jahren, die, unter den Augen einer kritischen Fachwelt, von stetiger Kleinarbeit erfüllt waren.

Heute liegen viele »Forschungsergebnisse« schneller auf dem Tisch. Sie entbehren jeglicher Grundlage, enthalten aber spektakuläre Thesen und sagen tatsächlich das, was vor hundertfünfzig Jahren schon einmal gesagt wurde: »Wald und Wild verträgt sich nicht, nur ein toter Hirsch ist ein guter Hirsch.« Da bleibt nichts vom viel mißbrauchten Begriff »Ökologie« übrig, und das langsam wieder zurückkehrende Naturgefühl des Bürgers wird mißachtet.

Wer sich realitätsbezogen mit der Jagd und Hege des Hochwildes befaßt, wird mit den vielschichtigen Problemen konfrontiert, die sich aus der durch Ungeduld veränderten Umwelt ergeben. Leider – ich bedaure das besonders – gibt es unter jüngeren Forstleuten einige, die die Hege als »Hebung der Bestände begehrbarer Jagdwildarten« abstempeln. Die großen Staats- und Privatwälder waren und sind – trotz aller Unzulänglichkeiten – die wahren Hochwildreservoire.

Das Schädlingsdenken darf sich – im Sinne der weltweiten Wilderhaltung – nicht unter den Forstleuten verbreiten. Hier sollte der berufene Forstmann den Kollegen zum Nachdenken anregen, wenn er um die empfindlichen Wechselbeziehungen zwischen Wald, Wild und Mensch weiß. Nur die altbewährte Einheit von Förster und Jäger – die ich, ein Nichtforstmann, als die Grundlage unserer Hochwildbestände ansehe – kann die natürliche, die ökologische Einheit Wald und Wild bewirken.

Das Schwarzwild wird zahlenmäßig angepaßt: An die landschaftlichen und landeskulturellen Verhältnisse. Für den Landwirt ist es nach wie vor der »Schädling«. Der Keiler in der Winterlandschaft ist auf der Suche nach Fraß.

Ein verantwortungsvoller Forstmann wird die mögliche konfliktarme Hochwildhege nicht durch Mogelei und Eigensucht untergraben. Von den lauten Rufen nach »Abschießen und Verhungernlassen« darf sich kein Forstverwalter beeindrucken lassen. Er würde die Vernichtung unserer Hochwildbestände fördern, denn das sozial empfindliche Rotwild ist ohnedies schon bedenklich isoliert.

Bei geringem, aber noch bejagbarem Wildbestand bedeutet Hege auch: Wartenkönnen und Reifenlassen. Es gibt ein paar Forstdirektoren und Rotwildjäger in Niedersachsen, im Spessart, im Harz, im Odenwald, im Solling und in einigen anderen Revieren und Hegeringen, die uns erfolgreich zeigen, auf was es außerdem noch ankommt: auf das Sich-selbst-beschränken.

Die Wände kann man auf diese Weise nicht so schnell dekorieren – aber die Bindung an das vertraute Revier steigt.

Ich meine, für alle Jäger ist es an der Zeit, aktiv für die Existenz des Wildes einzutreten, ob wir es bejagen können oder nicht. Die besten Jäger, derer wir uns bei offiziellen Anlässen so gerne rühmen, haben uns dieses Beispiel gegeben – ob sie nun Diezel, Raesfeld, Löns, Scherping oder St. Hubertus hießen!

Die Trophäe ist nicht entscheidend. Wenn das Hochwild nicht frei und stark weiter existieren kann, wird es die Zierde für die Wand eines Tages auch nicht mehr geben.

Wir stellen an die Natur einen unmöglichen Anspruch: Das Hochwild soll unbeeinträchtigt seine Fährte ziehen, es soll sich möglichst nicht zu stark vermehren, und es soll ja keinen Schaden anrichten.

Das Hickhack um den Hirschen hat beängstigende Formen angenommen. So wollte einer unserer höheren Jagdfunktionäre von einer Fortbildungsveranstaltung über Rotwild deshalb nichts wissen, weil die meisten Jäger ohnedies kein Rotwild jagen könnten und deshalb auch kein Interesse an dieser ärgernisbeladenen Wildart hätten. Das ist traurig. Und manche Jagdfreunde meinen schon kleinmütig, für das Hochwild könne man nur noch hinter vorgehaltener Hand eintreten, auf deren Rücken Wanderfalke, Uhu und Luchs aufgemalt sind.

Der von der UNESCO propagierte Schutz der Tiere gilt für alle. Es ist unsere Aufgabe, für ihre Existenz unabhängig von menschlichen Interessen – auch denen von Forstwirtschaft und Jagd – einzutreten, und wir können nicht akzeptieren, daß für bestimmte Tierarten andere Maßstäbe gelten sollen, nur weil sie durch unser Fehlverhalten zu Konkurrenten unserer Ansprüche geworden sind.

Als ehemaliger Ostafrikaner sehe ich eine Parallele zwischen Hirschen und Elefanten. Die Elefanten sind erst zu unseren Lebzeiten zu »Ökoschädlingen« geworden – allerdings entsprechend ihrer Körpergröße und ihres Nahrungsumsatzes in gewaltigeren Dimensionen, dazu in labileren Biotopen als den unseren. Die Leute, die mit dem Ende der Kolonialepoche für den Schutz der Elefanten eintraten, müssen heute die Baumschäden durch Elefanten herunterspielen. Sie sitzen zwischen Ökologie und Tourismus in der Klemme. Auch für den modernen Afrikaner ist das Rüsseltier unzeitgemäß geworden. Genau wie unser Hochwild ist es der menschlichen Willkür, der Kurzsichtigkeit oder der Einsicht ausgeliefert.

Wir haben nicht zu bestimmen, was das ökologische Gefüge zu sein hat. Wen hat es tangiert, als Elefanten Bäume umrissen, Hirsche die Rinde abzogen, Wildschweine den Boden umpflügten und Rehe die Triebe abästen, ehe wir uns um Ordnung in diesem angeblichen Chaos bemühten?

Ich habe es noch erlebt, daß völlig anachronistische Wildschutzbeamte dem spurenvollen Treiben von mehr als dreihundert Elefanten voller Stolz und Bewunderung zuschauten, wo heute weit und breit auch kein anderes Wild mehr überlebt hat.

Der Hegeerfolg einiger Hochwildringe

Menschen aus der Stadt suchen Erholung in Parks, die einmal wilde Wälder waren. Für das Wild bleibt da kein Platz und keine Ruhe.

in Deutschland beweist, daß es sich lohnt, aktiv für das Hochwild einzustehen. Es darf nicht zur Seltenheit oder gar zu einer geächteten Marotte werden, wenn ein Revierförster Freude an der Vorsicht des alten Hirsches hat.

Nach dem Krieg bestand für mich als Pennäler keine Hoffnung, jemals auf das Rotwild zu waidwerken, das von fremden Offizieren dezimiert wurde. Um wenigstens einem Restbestand das Überleben zu ermöglichen, vereitelten der Förstersohn vom Ort und ich diese Art von »Jagd« mit viel Ehrgeiz, Kraft und Ideen. Ich bin in den Wäldern Thüringens aufgewachsen, in denen erst vor siebzig Jahren der Fürst von Schwarzburg-Sondershausen jenen sagenhaften Zweiundzwanzigender streckte, der dreizehneinhalb Kilogramm auf dem Haupt trug, und in denen ein wehrhafter Keiler wenig später denselben hirschgerechten Jäger zu Tode fällte.

Diese Wälder waren Jahrhunderte lang, bis 1918, Hofjagdrevier. Es gab aber noch 1950 mehrere herrliche autochthone Buchen- und Tannenbestände und alle erdenklichen anderen Holzarten als Einzelbäume.

In den dominierenden reinen Fichtenbeständen war freilich fast jeder Baum wenigstens einmal vom Rotwild geschält worden. Mein Vater und meine Vorväter sahen diesen offenbar stets rotwildgeschädigten Wald ebenso wie ich wachsen, reifen und ernten. Er hatte forstliche wie jagdliche Unvernunft überdauert. Zusammengebrochen ist diese Monokultur erst in der Borkenkäferkatastrophe.

Es sollte uns alle nachdenklich stimmen, wenn in einem Buch über »Waldbau auf soziologisch-ökologischer Grundlage« auf ein und derselben Seite Mehrstoffdünger (100 g/m^2) zu »nachhaltiger Düngerwirkung«, nämlich die Düngertablette »Fertilenz«, empfohlen wird, die bei falscher Anwendung die Wurzel verbrennt, und unmittelbar darunter pauschal behauptet wird, »seit der Jahrhundertwende, insbesondere aber nach der Einführung der Winterfütterung, haben sich die Wildbestände vervielfacht«; angeblich auf das Vier- bis Achtfache.

Diese »wildbiologisch maximale Wilddichte, ermöglicht durch eine an kapitalen Trophäen orientierte einseitige Fütterung, führt zu erheblichen Wildschäden«. Durch Mischungsverlust entstünden zunehmend Reinbestände.

Energieumsatz und Stoffwechsel bestimmen die Fütterung

Wo so primitiv gegen das Wild argumentiert wird, ist die ökologische Überlegung angebracht, ob es langfristig nicht eine gesunde Abwehrreaktion des Wildes ist, alle überfremdenden Baumarten – wie die Fichte – besonders stark zu schädigen?
Wenn ökologische Wechselbeziehungen, Reaktionen und Gegenreaktionen, zwischen Wald und Wildtieren existieren – und alles deutet darauf hin –, dann wird auch evident, was polnische Forstwissenschaftler erstmalig in systematischen Untersuchungen widerlegt haben und was dennoch nach wie vor in der Diskussion gegen das Rotwild verwendet wird: daß das Wild gern und gewohnheitsmäßig das nimmt, was sich als Schäl- oder Verbißschaden bemerkbar macht – wobei freilich so unökologisch nachhaltig gedüngte Jungpflanzen selbst unbegehrter Baumarten sehr attraktiv werden können.
Es wundert mich nicht, wenn sechzig Prozent der auf diese Weise so nährstoffreich gewordenen Kulturen verbissen werden! Warum läßt man nicht Bäume von allein und so langsam wie früher wachsen?
Unsere Bücher und Zeitschriften sind voll der These, die Schulz 1961 so ausdrückte: »Sollen dem Wild technisch geschützte Pflanzenteile wie Endtriebe und Rinden als natürliche Nahrung verwehrt werden, dann müssen zur Ablenkung und zum Ausgleich unter Beachtung der Ökologie, der Ernährungsphysiologie und des Verhaltens des Wildes andere Äsungsmöglichkeiten geschaffen werden.«
Das wissen wir, und trotzdem vergeht kaum eine Woche in unserem Land, in der nicht die Wald-Wild-Misere hochgespielt wird und das Hochwild als »untragbar« und »unzeitgemäß« apostrophiert und als »Schädling« diffamiert wird. In mehreren Bundesländern meint man, durch ein zeitlich begrenztes Fütterungsverbot den Teufel mit dem Beelzebub austreiben zu können.
Nicht nur das Rehwild oder der Weißwedelhirsch, auch das Rotwild hat am Ende seiner Brunft den physischen Tiefpunkt erreicht, die Reserven erschöpft und muß daher in relativ kurzer Zeit das Energiedepot wieder auffüllen, um rechtzeitig dem Eintritt der jahresperiodisch – etwa Mitte Dezember – auftretenden Stoffwechselabsenkung begegnen zu können. Die Äsungsaufnahme möglichst nährstoffreicher Früchte ist daher von Mitte Oktober bis etwa Ende November besonders hoch, und entsprechend dem geringen natürlichen Angebot im Winter ist die Äsungsaufnahme ab Mitte Dezember bis Ende Februar extrem gering. Im März steigt die Äsungsaufnahme wieder steil an, besonders beim weiblichen Wild.
In dieser Zeit muß das Wild durch Zugang zur Erhaltungsäsung oder -fütterung einem Stoffwechseldefizit und einer Störung seiner Pansenbakterien entgehen können, indem es geringe Mengen relativ nährstoffarmer Äsung im richtigen Tagesrhythmus aufnimmt. Wo aber Mastbäume und Äsungsflächen fehlen oder wo diese infolge allzu vieler Störungen nicht in einem Rhythmus von vier bis fünf Stunden vom Wild aufgesucht werden können, muß Kraftfutter und Grassilage sofort nach dem Ende der Brunft verfügbar sein, damit Winterfeiste angelegt werden kann.
Es ist ein physiologisch notwendiger Vorgang, daß in dieser Zeit die erhöhte Äsungsaufnahme zu Fettablagerungen um Darm, Nieren und Gekröse führt – eine durch Jahrhunderttausende geprägte Anpassung, auch im Verhalten. Nur Leute, die Klischees nachbeten, können hier von dem »gemästeten Hirschen der Jäger« sprechen. Dagegen sind etwa ab Mitte Dezember, wenn das Rot- und das Damwild den Energieumsatz, den Stoffwechsel senken, Kraftfuttergaben überflüssig, ja häufig sogar schädlich für Wild und Wald. Das hochentwickelte Magen-Darm-System dieser selektiven Grasfresser wird gerade in diesem Zeitraum auf Sparflamme geschaltet und umgebaut. Es würde durch Kraftfuttergaben zur Unzeit biochemisch aufgeputscht; dadurch kann man zum Beispiel Schälen sogar provozieren.
Grassilage und Heu, vom Schnee freigepflügtes Heide- und Beerkraut in Verbindung mit den im Herbst angelegten Feistreserven reichen zur Erhaltung völlig aus, wie sorgfältige Untersuchungen in mehreren Ländern, auch in der DDR, überzeugend gezeigt haben. Was dabei jedoch leider nicht beachtet wird, ist die schon lange erkannte Jahresperiodik.
Und nur weil es oft an Konsequenz fehlt, die besonderen Ansprüche des Wildes zu überdenken und anzuerkennen, stehen wir in einigen Bundesländern vor der fatalen Situation, daß eine wildartengerechte und schadensmindernde Stützung der von Tages- und Jahresrhythmen geprägten Nahrungsansprüche vom Gesetzgeber vereitelt wird.
Es gibt keinen Zweifel: Bisher ist vielfach falsch gefüttert worden – zuviel vom Falschen zur falschen Zeit. Wo unser Hochwild wegen Biotopverarmung, Störungen, hohem Jagddruck und Fütterungsverboten nicht in der Lage ist, im Spätherbst Winterfeiste anzulegen, wird in der sogenannten »Notzeit« das Füllhorn naturwidrig über unser Wild ausgeschüttet.
Diesen Unsinn verlangt der Gesetzgeber. Wissenschaftlich fundierte Korrekturen sind nicht mehr möglich. Niedersachsen, Hamburg, Bayern und Rheinland-Pfalz sind hier ausgenommen. Diese Fütterungsmisere zeigt, daß wir zwar in einem Land mit alter Jagdtradition leben, daß aber seine Wildbestände nach wie vor der subjektiven Empirik ausgeliefert sind, und einige meiner »schnellen« Kollegen haben das Ihre zur Begriffsverwirrung beigetragen.
Unser Wild ist und bleibt ein unzeitgemäßes Tier. Es paßt sich unserem Verhalten nicht an. Daher wird nach Patentlösungen gesucht. In der Schweiz, in Österreich und auch bei uns im Alpenraum spricht man laut darüber, das Rotwild – wenigstens im Winter – einzugattern: ein Armutszeugnis für alle Beteiligten. Vielleicht wollen einige Leute doch nicht auf allzu hohe Wilddichten verzichten?
Über die Wilddichte wurde in letzter Zeit am meisten gerätselt, spekuliert, geforscht und auch gelogen.

Die Hirsche äsen am Rand eines Mischwaldes, ein idealer Lebensraum für das große Wildtier. Es ist August. Noch leben die Hirsche in ihrem Rudel; sie sind jetzt besonders faul und »heimlich«. Sie müssen Feist anlegen. In der bevorstehenden Brunft haben sie keine Zeit zum Äsen.

Die vielen Beobachtungen hirschgerechter Jäger zeigen, wie wenig das große Rotwild selbst in unseren erschlossenen Wäldern sichtbar wird. Das Beispiel vom hochkapitalen Junack-Hirsch ist bekannt: Ein mit größtem Interesse verfolgter Hirsch wird das ganze Jahr über nicht gesichtet – außer wenige Minuten lang in der Brunft! Weniger markante Hirsche oder gar Kahlwild zu sichten und zu registrieren, dürfte fast unmöglich sein.
Drechsler zeigte seit 1967 an den Kahlwildstrecken im Harz, mein Gießener Kollege König 1977 mit einer anderen Rückrechnungsmethode für den hessischen Rotwildring im Spessart, daß der tatsächliche Ausgangsbestand um das Zwei- bis Zweieinhalbfache höher war als der sogenannte »gezählte Bestand«, der aber in die Abschußplanung und auch in die Wilddichte-Zielrechnung einging.
Selbst im vorbildlichen Elbwinkel wird der sehr geringe Bestand sicher etwas unterschätzt, sonst wäre eine so gesunde Altersklassen- und Sozialstruktur in diesem Gebiet nicht möglich – von der Bejagbarkeit ganz zu schweigen.
»Es werden immer mehr, darum müssen wir auch vermehrt schießen« – sagen die einen. Infolge des tierquälerischen Jagddruckes steigen die Wildschäden ins Unermeßliche. König hat konsequenterweise aufgezeigt, daß die »tragbaren Wilddichten« mindestens doppelt so hoch angesetzt werden müssen, wenn wir erkannt haben, daß die tatsächlichen Wilddichten um so viel höher lagen als die durch herkömmliche Methoden ermittelten. Denn das sogenannte »nachhaltige Schießen« hört ganz schnell auf, wenn diese Erkenntnis sich nicht niederschlägt.

Die Rückrechnungen aus den Jagdstrecken haben eindeutig gezeigt, »daß in bezug auf den angenommenen Bestand immer zuviel erlegt wurde. Wären die Bestände wirklich nur so groß gewesen, wie sie in den Frühjahrszählungen festgestellt oder in den Hegeringkonferenzen geschätzt wurden, dann hätten die verbindlichen Abschußpläne längst unser ganzes Rotwild – das Rehwild noch dazu – vernichtet.«
Die Tatsache, daß nicht nur Reh-, sondern auch Rotwild- und Damwildbestände unterschätzt wurden, veranlaßte auch Biologen zu grotesken Überlegungen. Dem weiblichen Rehwild wurde eine Vermehrungsrate von 210 Prozent und dem Rotwild von 90 bis 100 Prozent angedichtet. Die Schotten sind da sachlicher. Sie kommen auf eine tatsächliche Vermehrungsrate von 35 Prozent.

Die vergleichenden Untersuchungen zur Reproduktionsbiologie des Schalenwilds in Amerika, Afrika und Europa, an denen wir uns beteiligen, zeigen immer klarer, daß die sogenannte »Populationsdynamik« bei diesen Tieren viel differenzierter betrachtet werden muß als bei Lemmingen, Stichlingen oder Staren.
Weibliche Cerviden, insbesondere die jüngeren, setzen mit der Brunft aus, werden zyklisch wiederholt brunftig, verwerfen – alles aus nicht immer eindeutigen Gründen; jedenfalls aber verringert sich dadurch der Populationszuwachs.
Sorgfältige Untersuchungen werden uns noch viel Stoff zum Lernen liefern. Schnelle Schlüsse, die das Problem der scheinbar steigenden Wilddichten lösen wollen, helfen nicht. Hilfskonstruktionen zur praktischen Lösung der Probleme hoher Wilddichten sind

Artgemäße Fütterung ist im Winter in unseren Stangenwäldern reine Erhaltungsnahrung. Das scheue Wild muß alle vier bis fünf Stunden Futter aufnehmen können, da sonst Störungen im Verdauungssystem auftreten.
Bei Raufenfütterungen – wie hier – gibt es in größeren Rudeln Rangordnungsprobleme. Die Rangniederen müssen warten – und nehmen dann die schlecht verdauliche Äsung (trockenes Gras, Verbiß und Rinde), um Verdauungsstörungen vorzubeugen.

sicher legitim – Beweisführungen zu vorgefaßten Meinungen aber nicht.
Ich bin überzeugt, daß wir sehr viel erreichen könnten, wenn sich noch mehr Verantwortliche für die Existenz des Hochwildes einsetzen würden. Dieses Engagement ist unsere Pflicht. Es ist notwendiger, als auf Parforcehörnern zu blasen. Wenn unsere Hirsche erst einmal eingegattert sind, nützt auch der sanfte runde Ton des Waldhorns nichts mehr. Ich wünsche mir ein bißchen mehr Solidarität der wenigen Engagierten, ohne die wir für unser Wild nichts erreicht hätten.
Viele der waidfrohen Sprüche, die in der Jugend so glatt von den Lippen gingen, sind mir inzwischen ein wenig suspekt geworden, und ich zögere nicht zu sagen, daß wir bald am Scheideweg für Wild und Jagd stehen – nicht, weil wir zu wenig protestieren und zu wenig zur Verteidigung tun, sondern weil es zu wenige gibt, die konsequente Rotwildhege betreiben.
Ich bin der Meinung, daß es eine Schande ist, wie schmählich auch das wehrhafte Schwarzwild in unserem Lande – ganz anders als in Polen und in der DDR – zusammengeschossen wird, und daß man in vielen Gegenden angesichts der geübten Praktiken nicht immer von Waidgerechtigkeit sprechen kann.
Der alte Raesfeld war ein Revolutionär der Hege mit der Büchse. Er schoß einen überhöhten, in jeder Hinsicht heruntergekommenen Bestand gesund. Er war ein furchtloser Mann – gegenüber Kaiser und Vorgesetzten –, der dem Hochwild durch vernünftige, unermüdliche Tatkraft diente. Raesfeld und seine Gefolgsleute kannten vor allem auch die starke innere Bindung an das zu hegende und zu jagende Wild.
In den letzten zwanzig Jahren ist auch im Wildlifemanagement und in der Wildbiologie eine ganze Menge aus Amerika zu uns herübergekommen: Vorbildliches, Anregendes und auch Fragwürdiges. So etwa eine wahre Verstellung der Natur mit Formeln und Kurven und allzu vielen »Modellen« und Vereinfachungen – aber häufig auch die völlig andere Grundeinstellung der Angloamerikaner zu Tieren, die sie als »Sachen« ansehen. Erst als das Unrecht bewußt wurde, das man den indianischen Ureinwohnern angetan hatte, zeichnete sich allmählich ein Wandel ab. Die Indianer sind mit der Biologie und dem Verhalten des Wildes innig vertraut, sie sind faire Jäger und respektieren die Bindung an die Tiere, mit denen sie ihren Lebensraum teilen. Auch in unserer eigenen Wild- und Jagdgeschichte gibt es zahllose Beispiele solcher Bindungen zwischen Jäger und Wild, und diese bedeutsame, irrationale Macht wirkt auch noch heute zugunsten unseres Wildes fort.
Das brennende Problem der weiteren und würdigen Existenz des Hochwildes könnte nur pragmatisch von staatlichen und unabhängigen Vertretern der Forstwirtschaft, Jagd, Kommunalpolitik, Landesplanung und Wissenschaft gemeinsam und gutwillig gelöst werden.
Jeder Eingeweihte weiß, daß die tiefgreifenden Veränderungen der Umwelt, vor allem das Verhalten der mit mehr Freizeit und Natursehnsucht ausgestatteten Menschen, das Wild und den Wald in eine prekäre Situation, in eine unglückselige Wechselwirkung hineingebracht haben. Schuld daran ist keiner. Einer schiebt es auf den anderen. Das Wild kann sich nicht wehren.
Erneute Untersuchungen in Hessen haben gezeigt, daß trotz stärkerer Reduktion der Wildschaden steigt. Durch die vermehrten Abschüsse werden die Familienverbände der Tiere zerstört, die einzelnen Tiere wagen sich ohne Schutz des Rudels nicht mehr auf die Äsungsflächen und müssen daher schälen und verbeißen.
Nur ein kompetentes Gremium kann die drängende Frage nach den unerläßlichen Ruhezonen, der Rückkehr des Friedens für das Wild im Wald angehen. Noch drücken sich Behörden und Politiker. Die Bevölkerung hat ihre Bindung an das Wild weitgehend bewahrt, auch wenn Walt Disney und Daktari viel Kitsch gebracht haben. Auf eindringliche und plausible Appelle würde sie positiv reagieren.
Sind wir noch in der Lage, Konsequenzen aus der Erkenntnis zu ziehen, daß sich die Wildtiere unserer Hektik nicht anpassen können, daß sie empfindlich und unberechenbar auf unsere Werke reagieren? Wann werden wir das Stadium der halbherzigen Absichtserklärungen verlassen?
Wann werden wir dem Wild gegenüber mehr Großzügigkeit zeigen, ohne die es nicht nur unzeitgemäß bleiben, sondern auch aus unseren Wäldern verschwinden wird?
Ich bin nicht ohne Hoffnung.

R. R. Hofmann

Es wird viel vom Falschen und zur falschen Zeit gefüttert, sagen die Wildbiologen. Der Schalenwildausschuß des Deutschen Jagdschutzverbandes hat aus diesem Grund neue Richtlinien herausgegeben. Danach ist von Mai bis Oktober das Füttern grundsätzlich untersagt. Aber ausreichende Äsungsflächen allein genügen dem scheuen Rotwild auch nicht. Störungen durch Spaziergänger und Verkehr treiben es in die Dickungen – zum Verbeißen und Schälen.

Ende September bis Anfang Oktober ist die Hauptbrunftzeit. Das Liebesröhren tönt in den »heiligen zehn Tagen« von morgens bis abends durch das Revier.

Der Hirsch und sein Verhalten im Revier

Im September und Oktober gibt es wohl keinen Jäger, der nicht die Hirschbrunft erleben möchte. Es ist die Zeit, in der unsere größte wiederkäuende Hirschart die deckenden Einstände verläßt und schon im Dämmer ihr stimmgewaltiges Konzert beginnt.

Das mächtige Edelwild lebt in den Revieren der Lüneburger Heide, im Sauerland, im Weserbergland, in der Eifel, im Hunsrück, im Pfälzer Wald, im Hessischen Bergland, im Spessart, in der Rhön, im Harz, im Schwarzwald, im Bayerischen Wald und im Voralpenland. Im Jagdjahr 1978/79 wurden 33.339 Stück Rotwild erlegt. Das sind hundert Stück weniger als im vorausgegangenen Jagdjahr. Die Jahresstrecke liegt seit sieben Jahren konstant um die dreißigtausend Stück. Der Bestand aller Tiere in der Bundesrepublik Deutschland wird auf hunderttausend Stück geschätzt.

In der Zeit der Hirschbrunft, die der Jäger schwärmerisch als die »Krone des Weidwerks« bezeichnet, verbringt er viele Abend- und Nachtstunden im Revier. Für einen Jungjäger gibt es keine bessere Gelegenheit, als in diesen beiden Herbstmonaten das sonst so scheue Wildtier kennenzulernen.

Wann die Brunft beginnt, bestimmen Alttier und Schmaltier, das sogenannte Kahlwild. Die weiblichen Stücke, aber auch die männlichen Kälber gehören dazu; sie heißen Kahlwild, weil sie »kahl« sind und keine Geweihbildung haben.

Die Brunftplätze sind immer die gleichen. Die weiblichen Stücke, die zuerst brunftig werden, finden sich dann auf den offenen Plätzen, den Lichtungen oder geschützten Stellen an Waldrändern ein. In Norddeutschland beginnt die Zeit der Brunft schon Ende August, im Bergland etwas später; dort dauert sie dann bis Mitte Oktober.

Sobald sich das brunftige Kahlwild versammelt, gesellen sich meist erst geringe Hirsche zu den Tieren. Es richtet sich nun nach der Art und dem Bestand des Revieres, wie das Brunftgeschehen verläuft.

Grundsätzlich gilt das Prinzip der Stärke. Die geringen Hirsche, die Schneider, werden von den stärkeren abgeschlagen. Der stärkste Hirsch, der Platzhirsch, beansprucht dann unter Umständen ein ganzes Rudel von Alt- und Schmaltieren. Er treibt sich dann ein Brunftrudel zusammen. Reicht es aber nicht für einen Harem, brunftet er mit wenigen oder auch nur mit einem Tier.

Das brunftige Rudel bringt viel Unruhe – und wenn dann noch ein zweiter starker Hirsch angelockt wird, kommt es zwischen den beiden zum Kampf. Der ältere Hirsch wird sein Rudel erbittert verteidigen. Der Kampf kann für die Konkurrenten lebensgefährlich sein, wenn es einem gelingt, den anderen an Weichstellen zu forkeln. Mit den Stichen der spitzen Enden können Gescheide, Lunge, Milz, Nieren oder auch Schlagader verletzt werden.

Die erregte Stimmung, die ein solcher Hirschkampf verbreitet, überträgt sich auch auf den Beobachter. Der Jäger vergißt den Herbstnachtfrost, der in der Nase sticht, spürt nicht mehr sein eingeschlafenes Bein, er atmet mit offenem Mund, steht wie gelähmt und ist gefangen.

Wenn der kühle Kopf eines berühmten Wildbiologen dieses Erlebnis mit folgenden Zeilen formuliert, begreift jeder Laie die Einmaligkeit einer Hirschbrunft im Herbst:

»Da, und nun mit einem Male
Dröhnt's herauf aus diesem Tale!
Langgezogen, sehnsuchtsvoll
Röhrt's dort oben jetzt wie toll –
Drüben, hinter jenem großen Stein,
Ja, dort dürfte er wohl sein.
Auauah! Das wilde Röhren,
Überall ist's nun zu hören:
In dem Tale, mir zu Füßen,
Droben, wo die Buchen grüßen,
Vor mir auf dem Fichtenschlage
Stehen, ohne jede Frage,
Sich zwei Hirsche gegenüber.
Zornig dringt es zu mir rüber:
Schrei um Schrei, jetzt Ästeknacken
(Ich muß die Leine kürzer packen) –
Rings der Wald scheint aufzuwachen!
Ö – ööö-ööö! Der Siegerschrei!
Donnernd rast es jetzt vorbei,
Holz bricht, Äste streifen das Geweih –
Und erneut des Siegers Schrei,
Den er, voll von stolzem Hohn,
Nachschickt dem, der ihm entflohn.
Und mit dröhnend tiefem Baß
Röhrt er nun ohn' Unterlaß,
Fordernd, wer ihm streitig macht
Das, was trotzig er bewacht:
Seine Tiere um ihn her,
Die still äsen – wie vorher.

Nie genug kann ich es hören,
Dieses herrlich-wilde Röhren!
Aus dem Dunkel an mein Ohr
Dringt es immer neu hervor,
und ich muß es förmlich schlürfen,
Dieses Miterlebendürfen
Ist schon höchstes Jägerglück!«

R.R.Hofmann

Der Sieger eines solchen Zweikampfes, der Platzhirsch, sorgt durch sein auffälliges Verhalten dafür, daß mögliche weitere Rivalen seinen Tieren nicht zu nahe kommen und auch seinen Brunftplatz nicht betreten. Das ist einmal der kilometerweit hörbare Brunftschrei, das Röhren, Knören, Orgeln oder Trensen. Das mächtige Röhren eines Platzhirsches verweist geringere Hirsche in die Dickungen. Sie werden ihm den Anspruch auf das Brunftrudel nicht streitig machen. Ein vermiedener Kampf ist kein verlorener Kampf. Mit seinen starken Vorderläufen wühlt der Platzhirsch außerdem

Der Basthirsch – auch Kolbenhirsch – beginnt zu fegen. Deutlich sind die Blutgefäße unter der noch nicht ganz getrockneten Bastschicht zu erkennen.

Der gefegte Bast ist ein ziemlich seltener Anblick. Meist wird das Gefege mit der Äsung aufgenommen.

Das Kahlwild an der Tränke. Die weiblichen Stücke und die männlichen Kälber sind »kahl«; sie tragen kein Geweih.

Die streitenden Rotspießer benutzen ihre starken Vorderläufe und betrommeln ihren Gegner mit den Schalen. Wie diese Hirsche im ersten Kopf verhalten sich auch die älteren, wenn sie ihre Stangen gerade abgeworfen haben oder in der Kolbenzeit sind.

die Erde auf, wälzt sich darin und markiert durch Harnspritzen sein Territorium.

Als optische Warnung setzt er sein mächtiges Geweih ein: Haben sich Hirsche auf Sichtweite herangepirscht, imponiert der Platzhirsch mit Bodenforkeln. Dabei hackt er seine Enden in den Boden und spießt dabei Moos, Farn und Kräuter auf. Bodenforkeln löst einmal angestaute Aggressionen und zum anderen zeigt es den entfernt stehenden Rivalen seine Kampfbereitschaft. Verhalten sich die jüngeren Hirsche respektvoll, bleiben sie am Rande des Brunftplatzes und nähern sich nicht den Tieren, dann werden sie geduldet.

Es gibt aber auch sogenannte Schaukämpfe: Da werden jüngere Hirsche vom Platzhirsch zum Kampf gereizt, um einem – vielleicht ebenbürtigen – Rivalen Stärke zu demonstrieren.

Am zweiten und dritten Tag der Brunft beginnt die Hochbrunft. Dann »stellt« sich das Tier. Es ist dann bereit zum Beschlag. Der Hirsch treibt das Tier mit lautem Schrei. Dieses wilde donnernde Röhren ist Ausdruck der geschlechtlichen Erregung. In der Nacht wird das Tier dann mehrere Male hintereinander auf dem Brunftplatz beschlagen.

In dieser Zeit, der Hochbrunft, den heiligen zehn Tagen, gibt es für den »Hirschvater« (Jäger, der ein Rotwildrevier betreut) keine geregelten Mahlzeiten und wenig Schlaf. Und der Hirsch hat auch keine Zeit zum Äsen. Er magert ab und verliert die Feiste, die er sich in den äsungsreichen Monaten davor zugelegt hat.

Wenn die Brunftschreie abklingen und es wieder ruhiger im Revier wird, ziehen sich die Hirsche in kleinen Trupps oder in Hirschrudeln zurück. Sie lieben die Einsamkeit. Alte Hirsche leben oft allein. Auf jeden Fall entfernen sich die Hirsche – in Rudeln oder Trupps – kilometerweit von den Kahlwildrudeln. Diese Hirschrudel werden nun von dem jüngsten Hirschen geführt. Der vor wenigen Tagen noch so starke Platzhirsch steht dann am Ende des Rudels; er kommt zuletzt aus der Dickung. Nur bei Gefahr wird er die Führung des Rudels übernehmen.

In den Kahlwildrudeln leben auch die geringen Hirsche, die jungen Hirsche, die noch ein Leittier brauchen. Erst kurz vor der Brunftzeit oder während der Brunftzeit schlagen die Alttiere dann ihre Kälber ab.

Alttiere sind weibliche Stücke, die schon Kälber gesetzt haben. Die männlichen Kälber im ersten Lebensjahr nennt man Hirschkälber und die weiblichen Kälber im ersten Lebensjahr heißen Wildkälber. Nach Ablauf des ersten Lebensjahres heißen die Wildkälber bis zum ersten Setzen Schmaltiere.

Jeder Jäger muß in der Lage sein, sein Wild genau anzusprechen. Sein sicheres Auge, seine Erfahrung, daß Kälber zum Beispiel immer näher bei der Mutter stehen als Schmaltiere, vermitteln ihm die Gewißheit, die er braucht, um das richtige Tier zur richtigen Zeit erlegen zu können.

Der starke Herdentrieb des Rotwildes verlangt einen großen Lebensraum. Die Tiere müssen sich durch einige tausend Hektar mit zusammenhängenden Dickungen ungestört bewegen können.

Wenn die Biozönose stimmt – das ist die Lebensgemeinschaft von Pflanze und Tier –, dann hat das Rotwild große Äsungsflächen, in der Hauptsache Wiesen und Lichtungen mit Gras.

Rotwild ernährt sich zu siebzig Prozent von Gras. Der andere Teil besteht aus verschiedenen Weichhölzern mit hohem Gerbstoffgehalt. Für das Rotwild ist es normal, wenn es Triebe von Hölzern und Sträuchern verbeißt. Fehlen diese Hölzer, werden die Fichtentriebe verbissen, besonders in der Kolbenzeit, in der das Geweih gebildet wird. Im Sommer sind die Wirtschaftsbäume besonders gefährdet. Da schält das Rotwild die saftigen Rinden.

Insgesamt braucht ein erwachsenes Tier an einem Tag ungefähr zwölf Kilo Grünäsung. Um diese Menge zu beschaffen, zu kauen und zu verdauen, ist es Tag und Nacht in einem bestimmten Rhythmus beschäftigt.

Nach der Äsungsaufnahme zieht es sich in seinen Einstand zurück und sucht Ruhe. Diese Ruhe braucht es einmal zum Wiederkäuen. Jeder Bissen wird mit gleichmäßigen Kaubewe-

August. Die Hirsche flüchten vor Hitze und Insekten in die Suhle. Für Rotwild und Schwarzwild sind diese Suhlen lebensnotwendig. Rehwild suhlt nicht.

gungen siebzigmal mit dem Unterkiefer zermalmt.
Zum Ruhen scharrt sich der Wiederkäuer ein Bett, vorwiegend in hohem ausgedörrtem Gras. In diesem Lager schlummert und döst das Tier mit erhobenem Haupt. Nur ungefähr zwei Stunden im Vierundzwanzig-Stunden-Rhythmus fällt das Tier in einen Tiefschlaf. Zwanzig Minuten davon ist dieser Schlaf so tief, daß es wie betäubt mit dem Haupt am Boden oder an der Flanke daliegt. In diesem Betäubungsschlaf sind seine Sinne unansprechbar. Das Tier ist in diesen Minuten sehr gefährdet.
Sein Bett richtet sich das Rotwild am liebsten auf einer Kuppe ein – wo es das waldige Gelände unter sich hat und alles übersehen kann. Doch meistens sind das auch die Zielpunkte erholungssuchender Städter, und wenn sie dann ein Tier aus seinem Bett aufschrecken und womöglich noch zu Gesicht bekommen, ist die Freude groß. Den Jäger schmerzt das. Er empfindet diese Störung als barbarische Polterei, die dem Wild die lebensnotwendige Ruhe raubt.
Im Februar und im März sucht der Revierbetreuer an den festen Wechseln zu den Futterplätzen die Abwurfstangen der Hirsche. Jahr für Jahr um die gleiche Zeit werfen die Hirsche ihren prächtigen Kopfschmuck ab.
Die einige Kilo schweren Geweihe sind Knochengebilde, die bei jungen Hirschen mit dem Erstlingsgehörn beginnen. Im zweiten Lebensjahr wird ein rosenloses Geweih geschoben, es sind zwei Spieße, die sich leicht nach hinten biegen. Im dritten Lebensjahr entwickelt der junge Hirsch oft schon einen mehrendigen Aufsatz. Das wundersame Knochengebilde wird während seines Wuchses von einer samtartigen grauen Schicht umgeben, dem Bast.
Das Geweih ist nicht nur das Symbol für die Stärke eines guten Hirsches, es ist auch das sichtbare Zeichen dafür, daß der Hirsch gut genährt ist und in einem gesunden Biotop lebt. Die überschüssige Kraft im Körper bildet das Geweih. Es ist eine Art Kalküberschuß. Hirsche, die in einem schlechten Biotop leben müssen und nicht durch wohlüberlegte Hegemaßnahmen vor Hunger geschützt sind, tragen schlechtentwickelte oder gar mißgebildete Geweihe.
In nur hundertdreißig Tagen – sie beginnen unmittelbar nach dem Abwerfen – baut der Hirsch sein neues Geweih auf. Das ist die Kolben- und Fegezeit. Hirsche, die nach dem Abwurf ihr neues Geweih schieben, nennt

Das Rottier trägt nach dem Beschlagen acht Monate und setzt im Mai oder Juni ein Kalb, manchmal auch zwei.

man Kolbenhirsche, weil ihnen zunächst zwei Kolben zwischen den Lauschern wachsen.
In seiner Wachstumszeit ist das Geweih ein Bastgeweih, in dessen Längsrichtung verschieden tiefe Rillen liegen, von denen aus die Blutgefäße die Trophäe mit Nährstoffen versorgen. In der Kolbenzeit ist es daher besonders wichtig, daß die Hirsche ausreichend Äsung aufnehmen können.
Sein bestes Geweih trägt ein Hirsch im Alter von elf bis fünfzehn Jahren.
Gut veranlagte Hirsche, also starkes Rotwild, muß der Jäger alt werden lassen, sonst wird er sich nie über ein kapitales Geweih freuen können.
Alte Hirsche sind aber sehr schwer zu bejagen. Mit Ausnahme der Brunftzeit sind sie sehr scheu, heimlich, und dann kann es vorkommen, daß der jagdbare Haupthirsch sein bestes Geweihalter überschreitet. Nach dem vierzehnten Lebensjahr wird der Kalkaufbau schwächer. Die Stangen werden dünner und die Enden weniger.
In den Monaten Juli und August beginnt die Bastschicht auf dem Geweih einzutrocknen. »Das Fell juckt.« Es muß wohl so sein, denn der Hirsch hat das Bedürfnis, die Bastschicht an Bäumen und Sträuchern abzureiben. Er fegt. Das bedeutet, daß die Neubildung des Geweihs abgeschlossen ist und die Enden verhärtet sind.
Mitte Juli beginnen die alten Hirsche zu fegen, etwas später wetzen die jungen ihre Geweihe blank.
In der Zeit der Geweihbildung haben sich die Hirsche »vollgefressen«. Sie haben sich in der äsungsreichen Zeit Feist zugelegt. Sie stehen in der Feiste. In dieser Zeit bekommt ihn der Jäger selten oder überhaupt nicht ins Visier. Ein feister Hirsch ist vorsichtig oder vielleicht auch nur besonders träge:

»Der Feisthirsch ist ein Waldgespenst,
Das Du nur ahnst und niemals kennst.
Dort, wo Du gehst, da steht er nicht
Und wo Du stehst, da geht er nicht.«

Aber ein Hirschvater kennt sein Revier. Er weiß, wann sein Haupthirsch am Nachmittag zur Suhle tritt.
Und wenn er noch nicht auf dem Abschußplan steht, überlebt er auch wieder die Zeit, die mit Unruhe und Unverträglichkeit im Feisthirschrudel beginnt: die Brunft.

Die schönste Jagdzeit im Rotwildrevier: die Brunftzeit. Donnernd dröhnt das Röhren des Hirsches im Herbst kilometerweit.

Wenn ich kein Jagdfreund wär' . . .

Ich kann mir's zwar nicht vorstellen, aber es ist immerhin denkbar, daß ich vielleicht ein Jagdgegner geworden wäre. Viele Mitmenschen sind es auch und manche von ihnen dürfen für sich in Anspruch nehmen, sowohl über ein hohes Maß an Intelligenz zu verfügen als auch von ihrer Haltung wirklich überzeugt zu sein.

Hineingeboren in eine noch heile Welt und von Kindesbeinen an vertraut mit der Natur, kannte ich den Ablauf des Naturgeschehens im Wechsel der Jahreszeiten. Die Brutzeit der Vögel und die Setzzeit der Rehe waren mir längst geläufig, bevor ich von Jagd etwas sah oder hörte. Ich kannte den Warnruf der Amsel und wußte Geräusche im Dachboden unseres Hauses zur Ranzzeit des Marders zu deuten, lange bevor ich darüber von Jagdkundigen belehrt wurde. Meine erste Bekanntschaft mit der Jagd hätte sehr leicht einen Jagdgegner aus mir machen können . . .

Auf der Wiese am Hang hinter meinem Elternhaus pflegte ein Sprung Rehe auszutreten und vertraut vor dem dichten Einstand von Bäumen und Buschwerk zu äsen. Das Bild gehörte zum Feierabend des bäuerlichen Alltages. Die Anwesenheit der Rehe war für uns selbstverständlich. Die Rehe ließen sich durch die laute Geschäftigkeit auf dem Bauernhof nicht verscheuchen.

Eines Abends krachte in diese Feierabendstimmung ein Schuß. Der Bock taumelte hangabwärts auf unser Haus zu. Die übrigen Rehe stoben in panischem Schrecken auseinander. Das war meine erste, unmittelbare Bekanntschaft mit der Jagd. Sie hätte nicht nur die Phantasie beflügeln, sondern auch die Einstellung zum Jäger und zur Jagd für alle Zeiten mit einem Vorurteil belasten können.

Vielleicht wäre mir dann kein Lehrprinz begegnet, der mich in die Geheimnisse der Jagd, ihren Brauch und ihre Regeln eingeführt hätte.

Wenn der Mensch nicht das Recht hat, über Tod und Leben einer Kreatur zu entscheiden, fehlt der Jagd die Grundlage. Und nicht nur der Jagd, sondern einer ganzen Reihe von Einrichtungen, die unser Dasein überhaupt erst möglich machen. Man dürfte konsequenterweise auch keine Haustiere züchten in der Absicht, sie um des Fleisches und Speckes willen totzuschlagen. Ich glaube allerdings, daß ich solchen pseudophilosophischen Überlegungen nicht allzulange nachgeeifert hätte. Nicht so sehr deshalb, weil jeder Landwirtschaftsbetrieb, jedes Lebensmittelgeschäft und jeder Wurstladen mir den Unterschied zwischen Theorie und Praxis allzudeutlich vor Augen geführt, sondern vielmehr deshalb, weil das Geschehen in der Natur selbst mich bald eines Besseren belehrt hätte.

Es wäre mir auch bei blindem Vertrauen in die Richtigkeit meiner Auffassung nicht entgangen, daß der Sperber den Spatz schlägt und selbst vom Habicht geschlagen wird. Ich hätte kaum übersehen können, daß das Gamskitz vom Adler geholt wird und daß der Fuchs seinen Welpen die Junghasen in den Bau bringt. Ich hätte daraus wohl zwangsläufig den Schluß ziehen müssen, daß der Mensch zumindest dort, wo die Auslese in der Natur nicht mehr stattfinden kann, weil der natürliche Feind und Regulator ausgerottet wurde, das Recht haben muß, selbst einzugreifen, um eine Katastrophe zu verhindern. So hätte ich wahrscheinlich ganz ohne fremde Hilfe zu der Feststellung gefunden: ohne Jäger kein Wild.

Die Jagd ist für manche Mitmenschen schlecht und amoralisch. Da hilft kein Gegenargument und kein Versuch aufzuklären. Der Standpunkt steht fest und ist unverrückbar. Man ist zwar bereit, zuzugeben, daß der Jäger dort eine Aufgabe hat, wo das Wild, das freilebende Tier, in einer besonderen Notlage ist, die im ungestörten natürlichen Gleichgewicht noch von der Natur selbst behoben worden wäre; doch weigert man sich, daraus eine Berechtigung für die Jagd abzuleiten. Wenn man das Herz hat, an den Qualen und am Elend eines Gamsrudels, das von der Gamsblindheit erfaßt wurde, vorbeizusehen, kann man auch darin eine unerbittliche Korrektur der Natur erkennen, die die Hilfe des Jägers entbehrlich macht. Allfällig aufkommende Bedenken könnte man damit abtun, daß in der Natur eben nur das Gesunde und Widerstandsfähige überlebt.

Etwas schwieriger, das muß man zugeben, ist allerdings dort zu argumentieren, wo das Wild mit dem, was ihm die Natur als Lebensunterhalt bietet, nicht mehr auskommen kann. Daß Schaden entsteht, kann niemand ernsthaft bestreiten. Daß dieser Schaden umso größer wird, je krasser das Mißverhältnis zwischen Wildbestand und Nahrungsangebot ist, ist eine einfache und beweisbare Feststellung. Wenn man jedoch der These vertraut, daß die Natur stark genug sei, sich selbst zu heilen, dann müßte auf längere Sicht gesehen auch dieses Mißverhältnis sich ohne unser Zutun wieder einregulieren können. Dafür müßte man allerdings Wildschäden in Kauf nehmen, die sich zumindest in den ersten Jahren oder Jahrzehnten steigern würden, bis sich die Natur selbst beholfen hat.

Deckt das Angebot den Bedarf des Wildes nicht, dann wird das Wild sich über kurz oder lang selbst durch Abwanderung oder geringere Vermeh-

Die Jagd wird angeblasen, und manchen packt das Fieber.

rung regulieren. Auch in Kreisen der Jagdgegner geht die Meinung um, daß das Experiment riskant wäre und unter Umständen den Bestand unserer Wälder in Frage stellen könnte. Aber wenn man von seiner Auffassung überzeugt ist, läßt man sich auch durch diese Überlegung von seiner Meinung nicht abbringen.

Als Jagdgegner braucht man auch nicht zur Kenntnis zu nehmen, daß die Gesetze in vielen Ländern dem Jäger das Füttern des Wildes zur Pflicht machen. Man darf auch übersehen, daß die Jäger jahrelang mit großem Aufwand Beobachtungen anstellen und Forschung betreiben, um die richtige Zusammensetzung des Futters, das ausgewogene Verhältnis seiner Bestandteile und die angepaßte Menge pro Stück Wild zweifelsfrei festzustellen. Der Jagdgegner braucht nicht zu wissen, daß die Frage der Fütterung je nach Klima, Standort, Höhenlage, Äsungsangebot, Wildstärke und Einstand unterschiedlich beantwortet werden muß. Schließlich braucht der Jagdgegner auch die bekannten und eingestandenen Fehler einer falschorientierten Forstwirtschaft nicht zu berücksichtigen und sich auch darüber keine Rechenschaft abzulegen, wie nachteilig solche Fehler sich in der Natur auswirken und wie lange es dauert, bis sie wieder ausgeglichen sind.

Leichter ist es natürlich, sich auf Argumentationen gar nicht erst einzulassen. Da die Jäger nicht unfehlbar sind, weder beim Ansprechen, noch beim Schuß, fällt es nicht schwer, zumindest ein Beispiel aus eigener Wahrnehmung oder vom Hörensagen zu zitieren, das den Jäger und die Jagd ein für allemal unglaubwürdig macht. Wenn es vorkommt, daß ein Wild von einem Jäger angeschossen wird und erst nach Tagen qualvollen Leidens verendet, dann dient dieser Vorfall dazu, ein endgültiges und unwiderrufliches Urteil über den Jäger und die Jagd zu fällen. Ein Nichtjäger und Jagdgegner kann leicht sagen, daß solche Dinge nicht vorkommen dürfen. Unter dem Druck des Abschußzwanges und bei den in jedem Einzelfall unterschiedlichen Voraussetzungen ist unter hundert sicheren und überlegten Schüssen auch einmal ein unüberlegter, in Eile oder bei schlechter Sicht oder nach zu kurzem Ansprechen abgegebener Schuß – ein menschliches Versagen, das auch dem versierten Fachmann im beruflichen oder privaten Bereich einmal passieren kann. Beim Jäger wird es aber nicht toleriert und es wird auch nicht anerkannt, daß die Jägerschaft selbst durch pflichtgemäße Übung und strenge Prüfungen ihr Möglichstes tut, um solche Vorkommnisse auf ein Minimum zu reduzieren.

In unserer Zeit haben sich übernationale Gremien zusammengetan, um in ihrem Bestand gefährdete Tierarten über die Grenzen der Länder hinweg zu schützen. Vor diesem Forum kann der Jagdgegner den Jäger dafür verantwortlich machen, daß einige der selten gewordenen Tierarten auf die berühmte rote Liste gesetzt werden mußten, und der Jäger kann den Vorwurf nicht widerlegen, aufgrund einer falschen Auffassung von seiner Aufgabe insbesondere die großen Raubtiere dezimiert zu haben. Dem Jagdgegner genügt es festzustellen, daß er in seiner Auffassung bestätigt ist. Er braucht nicht zu berücksichtigen, daß die Jagd bei allen Völkern, aber unter ganz verschiedenen Voraussetzungen ausgeübt wurde. Dadurch waren auch die Gepflogenheiten und Gesetzmäßigkeiten, denen die Jagd unterliegt, von Land zu Land verschieden. In unserer Zeit hat die Jagd einen neuen Aufgabenbereich, und erfreulicherweise haben die Jäger Fehler und falsche Vorstellungen in der Jagdausübung erkannt, zugegeben und korrigiert.

Ein Jagdgegner hat es leicht, sich der Kritik und der Verurteilung der Jagd anzuschließen. Er hat es schon wesentlich schwerer, seine Haltung anders als durch weltanschauliche oder schwer definierbare Gefühlsargumente zu erklären. Er scheint mir aber völlig ratlos zu sein, wenn es darum geht, die Aufgabe des Jägers mit stichhaltigen Gründen für überflüssig zu erklären oder ihn durch eine andere Institution mit gleicher Wirksamkeit zu ersetzen.

Aus diesem Grunde kann ich mir nur schwer vorstellen, daß ich ein Jagdgegner geworden wäre.

Walter Oehry

Der Münsterländer bekommt Arbeit. Sein Herr schießt einen Fasan.

Rettet die Rehe

Eine zuverlässige Untersuchung, wieviel Schaden das Schalenwild in deutschen Wäldern wirklich anrichtet, gibt es nicht. Aber in den Berichten über die Störfaktoren des Waldbaues steht das Wild in der negativen Seite der Bilanz an erster Stelle. Österreich hat das Dilemma untersucht. Eine Forstinventur brachte es an den Tag: Das Schalenwild verursacht 13 Prozent der gesamten Waldschäden. 13 Prozent! Die anderen 87 Prozent verteilen sich auf: Windbruch, Schneebruch, Rückeschäden der Forstarbeiter, Einwirkungen von Industrieabgasen, Waldbrand, Borkenkäferfraß, Verbiß durch Mäuse, Manöverschäden und Grundwasserabsenkung.

Es ist aber einfacher, einem Tier die Schuld in die Schalen zu schieben. Besonders nachdem man den Lebensraum der Wildtiere zerstört hat. Die Mark des Holzhändlers ist wichtiger als die Erhaltung einer Tierart. Hat der Waldbauer vergessen, was seine Großväter noch wußten? Wild würde weniger schälen, wenn es etwas zu äsen hätte.

Es ist tatsächlich so, daß wir über die Schalenwildart, von der im Neuen Raesfeld geschrieben steht: »Wohl kein Tier unserer Landschaft übertrifft das Rehwild an Liebreiz und Eleganz der Erscheinung«, noch am wenigsten wissen. Das war noch bis vor kurzem so, bis uns die 1975 veröffentlichten Forschungsergebnisse aus den Revieren des Herzogs von Bayern und einigen anderen Revieren neue Wege zeigten. Darin liegt die große Bedeutung dieser Forschungen, die noch lange nicht abgeschlossen sind und die noch lange nicht alle Fragen des Praktikers beantworten können.

Die in den letzten hundertfünfzig bis zweihundert Jahren in Mitteleuropa rapide steigende Wachstumskurve der Menschheit – zweihundert Menschen und mehr leben auf einem Quadratkilometer – haben den Menschen gezwungen, für seine und seiner Haustiere Nahrungsvermehrung und -verbesserung immer zahlreichere technische und chemische Hilfsmittel einzusetzen. Die Folge davon sind Monokulturen, in denen das letzte Wildäsungskraut und jede andere Baumart hinausrationalisiert wurden, die dem wirtschaftlichen »Brotbaum« Konkurrenz machen.

Wo sind heute noch die »natürlichen Lebensgrundlagen« für das Wild? Land- und Forstwirtschaften haben die Reviere derart verändert, daß für das Wild nur noch unnatürliche Lebensverhältnisse übriggeblieben sind.

Dazu kommt, daß man seit Jahren den Erholungswert der Seen, Wälder und Fluren anpreist und dadurch den Menschen ein falsches und einseitiges Bild vom Leben in der Natur vermittelt. Vor dreißig Jahren wäre es keinem Menschen eingefallen, über bestellte Äcker zu laufen, blühende Wiesen zu vertrampeln oder mit Transistorradios die Ruhe des Waldes zu stören. Man wußte noch, was Hunger heißt. Heute hat niemand mehr Ehrfurcht vor der Natur. Wald und Flur, die Wohngebiete unserer Wildtiere, sind zu allen Jahreszeiten rund um die Uhr geöffnet, und kaum ein Spaziergänger nimmt Rücksicht auf die Lebensbedürfnisse unserer Wildtiere, weil er diese Lebensbedürfnisse nicht kennt.

Die Wilddichten sinken – aber die Waldschäden steigen. Woher kommt das?

Im Revier haben wir festgestellt, daß die Schäden im Wald steigen, obwohl die Schalenwildbestände wesentlich gesenkt worden sind. Und an allem soll das Rehwild schuld sein! Das hat nichts mit dem Problem der Zahl zu tun, also mit eventuell zu vielen Rehen auf einer bestimmten Flächeneinheit. Die Ursachen des sogenannten Rehwildproblems liegen in den Lebensumständen, die wir Menschen dem Wildtier heute zubilligen.

Wer hat denn schon eine Ahnung von den jahreszeitlich unterschiedlichen Äsungsbedürfnissen des Wildes, von dessen Einstand, seinem Ruhebedürfnis und seiner Kinderstube?

Wie sieht es in unseren Rehwildrevieren wirklich aus? Die Natur ist in unseren Bereichen schon soweit ge- und zerstört, daß davon auch indirekt die Gebiete beeinflußt und verändert sind, die wir noch für »naturbelassen« halten, und was die landwirtschaftlich genutzten Flächen noch mit der »natürlichen« Landschaft gemein haben, kann sich jeder selber beantworten. Selbst wenn wir heute noch völlig unberührte Urwaldreste hätten, wären diese durch die Einflüsse der Umgebung zumindest klimatisch schon verändert. Diese Veränderung würde fortlaufend noch weitere Veränderungen auslösen. Die Natur ist empfindlich. Auf jeden Eingriff antwortet sie mit einer Kettenreaktion von Auswirkungen.

Unsere Rehe müssen im Wirtschaftswald leben. Ein Wirtschaftswald ist ein unnatürlicher Wald und als Biotop für die Rehe unnatürlicher als zum Beispiel eine vernünftige Fütterung im Vergleich zur natürlichen Herbst- und Winteräsung. Eine Futterstelle ist tatsächlich nicht so weit von einem Mast abwerfenden Baum entfernt, als irgendeine Form Wirtschaftswald von einem Urwald, denn auch die »naturnahe« – oder naturnächste Waldwirtschaft – kann die Bäume nicht so lange stehen lassen, bis sie von selber umfallen, und sie kann die Stämme nicht liegen und verfaulen lassen, weil sie das Holz nutzen muß. Die staatlichen Forstverwaltungen müssen aus den roten Zahlen kommen.

Der Wald als Lebensraum der Rehe ist anders geworden: der Boden, das Klima, die Wasserverhältnisse, der Lichteinfall, die Pflanzengesellschaften, das Alter der Pflanzen, die Dekkung, alles ist widernatürlich verändert worden.

Da nach Kalchreuther (»Die Sache mit der Jagd«) alle Pflanzenfresser dazu neigen, ihren Biotop zu übernutzen und dadurch eventuell zu zerstören, sofern ihre Zahl nicht begrenzt wird, besteht die Gefahr, daß bald alle unsere pflanzenfressenden Wildtiere verschwinden, wenn uns nicht erlaubt wird, mit künstlichen Maßnahmen, die niemandem schaden, wohl aber dem Wild helfen, den Rehwildbestand auf einer Höhe zu halten, die vernünftig erscheint und die auch das Motiv für den Jäger, nämlich noch jagen zu können, erhält.

Denn dieses Motiv, die Freude an der Jagd, war es, das in unserem hochindustrialisierten mitteleuropäischen Raum die noch vorhandene Artenvielfalt an Wildtieren ermöglicht hat.

Wir müssen versuchen, die Natur zu verstehen, soweit das möglich ist, und zu erhalten, was von ihr noch übrig ist. Wir sollen auch das, was wir von ihr gelernt haben, anwenden, zum Nutzen für Wald und Landwirtschaft ebenso wie für Jagd und Wild; soweit es möglich ist, auf natürliche Weise, und wo es nicht mehr anders geht, muß nachgeholfen werden.

Wissenschaft und Praxis müssen zusammenarbeiten, um die Ursachen

Das waren noch Zeiten: Ein Sprung Rehe beim Ausruhen, als die Autobahn noch nicht erfunden war.

und die Wirkungen zu erkennen und vor allem auch auseinanderzukennen. Auf Grund dieser gemeinsamen Erkenntnisse wird es dann leichter sein, vernünftige und brauchbare Lösungen zu finden. »Reduktion der Bestände« kann nur eine der Möglichkeiten sein. Hofmann sagt dazu: »Abschießen, drastisch reduzieren allein ist gegen Ende des apokalyptisch destruktiven 20. Jahrhunderts nicht mehr vertretbar.« Drastisches Abschießen würde auch einen Sturm der Entrüstung in der Öffentlichkeit auslösen.

Ein Wald ohne Wild ist ein toter Wald

Der Hader und die vielen Mißverständnisse rühren nur von der unsinnigen Annahme, daß Rehe in unnatürlicher Umwelt natürlich leben könnten! Rehe sind vom Menschen abhängig. Das hat mit ihrer Zahl nichts zu tun. Ein Reh ist durch die Mähmaschine und das Auto genauso gefährdet wie hundert Rehe, und ein Reh muß sich an seinen veränderten Lebensraum genauso anpassen wie hundert Rehe.

Würden wir die Zahl der Rehe, wie gefordert, verringern, würde sich an ihrer Abhängigkeit nichts ändern, aber die letzten bei uns noch lebenden größeren Wildtiere wären dann so gut wie aus der Landschaft verschwunden. Wer will das? Wir nicht. Und die wildliebenden Naturfreunde auch nicht.

Die Jäger fordern deshalb, daß 0,5 bis 1,5 Prozent der Waldfläche – je nach Biotopverhältnissen – als Äsungsflächen dem Wild zur Verfügung gestellt werden. Der ökonomisch denkende Waldbauer weiß, daß er dann auf den verbleibenden 98,5 bis 99,5 Prozent Wirtschaftsfläche einen sehr viel besseren Ertrag sichern kann. Dem Menschen und auch dem Tier wäre damit geholfen.

Der Jäger wacht über den gesunden Rehwildbestand. Jährlich haben wir in der Bundesrepublik Deutschland eine Strecke von rund siebenhunderttausend Stück Rehwild. Dazu kommen noch die rund fünfzigtausend »Abschüsse« durch Autounfälle. Ich wünsche mir, daß wir nicht nur das Lebensrecht des Menschen, sondern auch das gottgewollte Lebensrecht des Tieres, aber auch die Partnerschaft von Bauern, Förstern und Jägern in Zukunft wahren und sichern können.

Gerhard Frank

Eine Ricke mit ihrem Kitz: Siebenhunderttausend Rehe erlegen die Jäger jährlich. Der Verlust durch die »mordende Straße« wird auf zehn Prozent des Bestandes geschätzt.

Das Rehwild im Revier

Schwerarbeit im Revier: Der reparierte Hochsitz wird aufgerichtet. Die Jagd auf Rehwild beginnt. Ab Mitte Mai auf Schmalrehe und Böcke.

Im Jagdjahr 1978/79 wurden in der Bundesrepublik Deutschland 717.320 Stück Rehwild erlegt. Das ist ein Wildbretwert von 88,5 Millionen Mark, der höchste in der »Wildwirtschaft«. Danach kommt das Rotwild mit 20,2 Millionen Mark.

Wieviel Stück Rehwild jährlich abgeschossen werden, richtet sich nach der Bestandszahl. In der Bundesrepublik gibt es zwei Millionen Stück Rehwild. Und der jährliche Zuwachs, ungefähr ein Drittel des Gesamtbestandes, kommt zur Strecke.
Ob es nun wirklich zwei Millionen sind und ob zwei Millionen zuviel oder zuwenig sind, darüber streiten sich Forstleute, Umweltschützer, Jäger, Wildbiologen, Tierschützer, Holzindustrielle, Landwirte und Spaziergänger.
Auf jeden Fall haben viele Publizisten in den letzten Jahren entdeckt, daß es zuviele Rehe gibt, weil das Reh zum »Raubtier« geworden ist – es raubt die jungen Fichtentriebe. Es ist aber genausogut möglich, daß es zuviele Publizisten gibt, die einseitig informiert sind.
Es gibt einen Jäger in der Bundesrepublik, dem man weder vorwerfen kann, er verstünde nichts von der Praxis noch habe er keine Ahnung von Wildbiologie, Waldanbau und Revierarbeit. Über einige Jahrzehnte hat dieser Jäger das Rehwild in Theorie und Praxis studiert. Er kennt auch jedes Stück in seinem Revier und hat sogar nachgewiesen, daß jedes Reh durch unterschiedliche Gesichts- und Körpermerkmale vom anderen zu unterscheiden ist. Ein Jäger, der so gründlich arbeitet wie der Herzog von Bayern, von dem hier die Rede ist, kennt natürlich die genaue Stückzahl seines Revieres. In seinem Buch »Über Rehe« schreibt der Herzog: »Die derzeit etwas negative Einstellung ›so wenig Rehe wie möglich‹ könnte vielleicht dahingehend ins Positive geändert werden: ›Soviel Rehe als unter der Voraussetzung möglich, daß deren Qualität besser und keinesfalls schlechter wird, und daß keine unvertretbaren Wildschäden entstehen‹.«
Der Autor schildert auch, wie dieses Ziel erreicht werden könnte, und er sagt das deutlich und engagiert. Wer allemal über Rehe schreibt, kann auf diese Informationen nicht verzichten.

Wie lebt das Rehwild?

In fast allen Regionen der Bundesrepublik gibt es Rehwild, und wo der Wald noch nicht durchrationalisiert ist oder schon wieder wildfreundlich angebaut wird, gibt es einen guten Rehwildbestand. Damit ist nicht unbedingt die Anzahl gemeint, sondern vor allem der gesundheitliche Zustand des Wildtieres.
Rehwild braucht viele – über das Revier verteilte – Einstände. Es braucht in der Nähe liegende, gute Äsungsflächen, die nicht durch eine Landstraße oder eine Autobahn von den Einständen getrennt liegen. Daß diese Verhältnisse aber häufig nicht gegeben sind, sagen die »Streckenergebnisse«, die jährlich an den Landstraßen und Autobahnen gezählt werden. Zehn Prozent der Rehwildstrecke gehen auf das Konto »Wildunfall«.
Grundsätzlich ist das Rehwild sehr anpassungsfähig. Es kann auf dem offenen Felde ebenso leben wie in felsiger Gebirgslandschaft. Aber überall braucht es Äsung: Das sind Blätter, Knospen, Kräuter, Triebe und Früchte. Rotwild äst gründlich. Ähnlich wie Schafe nimmt es Streifen für Streifen einer Grasfläche auf. Rehwild dagegen zupft einzelne Blätter und Kräuter heraus. Ein ausgewachsenes Reh braucht täglich vier bis fünf Kilo Äsung. Dieses Zupfen hat dem Rehwild den Ruf eingebracht, es sei naschhaft.
Der Nahrungsbedarf bestimmt den Tages- und Nachtrhythmus: Morgens macht sich das Reh auf die Suche nach einem guten Äsungsplatz. Wenn es nicht gestört wird, kann es sich zwei Stunden mit dem Äsen beschäfti-

gen. Hat es genug, bummelt es zum Einstand zurück oder scharrt sich an einem geschützten Platz ein Bett und legt sich zur Ruhe. Es muß jetzt wiederkäuen, dösen und schlafen. In vierundzwanzig Stunden gibt es bis zu zehn Äsungsperioden.

Wiederkäuendes Schalenwild hat – außer dem Dösen – zwei Schlafarten. Da gibt es einmal den leichten Schlaf – das ist ein halbwacher Zustand, in dem der Körper zwar entspannt daliegt, aber die Sinne noch so wach sind, daß das Tier bei verdächtigem Knistern im Unterholz sofort flüchten kann. Das ist der Körperschlaf. Es gibt aber auch einen Hirnschlaf. Er wird auch der hypnotische Schlaf genannt. Wie beim Rotwild dauert er nur wenige Minuten, alle Sinnesorgane sind dann wie betäubt. Dieser Hirnschlaf ist für das Tier eine intensive Erholung.

An heißen Tagen im Sommer verändern die Tiere ihren Äsungs- und Schlafturnus. Hitze lähmt sie. Dann werden sie erst nachts lebendig und äsen in der Dunkelheit. Tagsüber dösen oder schlafen sie in ihren Einständen.

Rehwild gehört nicht zum gesellig lebenden Schalenwild. Rehwild lebt in kleinen Familienverbänden, in Sprüngen, aber nur die Ricken mit ihren Kitzen. Ricke und Bock kommen nur in der Blattzeit zusammen. Böcke, vor allem die alten Böcke, sind Einzelgänger.

Es sind die Böcke, die ein Revier unter sich aufteilen. Die Ricken mit den Kitzen werden in den Einständen geduldet, keinesfalls aber ein anderer Bock.

Kämpfe um diese Einstände beginnen bei den Böcken im dritten Lebensjahr. Aber wenn die Einstände von älteren Böcken schon besetzt sind, nützt die Kampfeslust nichts. Die Alten haben in jedem Falle Vorrang.

Sie markieren ihre Einstände zuerst. Das geschieht einmal durch Duftsignale und zum anderen durch optische Warnsignale.

Das Rehwild hat mehrere Duftdrüsen: Der typische Fährtengeruch kommt von den Drüsen, die zwischen den Schalen der Hinterläufe liegen. Unterhalb des Sprunggelenks der Hin-

Blattzeit. Der Bock treibt die Ricke viele Male im Kreis herum. Dabei entsteht ein Trampelpfad, den der Jäger »Hexenring« oder auch »Brunftring« nennt.

Der Bock beschlägt die Ricke und wird drei bis vier Tage bei der brunftigen Ricke bleiben.

terläufe liegen die »Kastanien«; das sind Duftdrüsen unter einer Art »Haarbürste«, die ein Sekret absondern. Mit diesem Duftstoff markieren die Tiere Pflanzen und Büsche in ihrem Revier.

Für die Einstandskämpfe benutzt der Bock noch eine besondere Drüse, die die Ricke nicht hat. Es ist eine Duftdrüse unterhalb der Stirnlocke. Beim Fegen – wenn also der Bast vom Gehörn an Ästen und Stämmchen abgeschlagen wird – setzt er zusätzlich diese Duftmarken.

Bei der Eroberung und der Verteidigung der Einstände arbeitet der Bock auch noch mit anderen Mitteln: Sind gleichaltrige Böcke in der Nähe, nimmt er eine drohende Haltung ein, plätzt mit den Vorderläufen und führt wütende Scheinangriffe. Diese Scheinangriffe verwandeln sich aber sehr schnell in gefährliche Konkurrenzkämpfe, wenn sich der angreifende Bock ebenbürtig fühlt.

Der Bock geht dann aufs Ganze. Er kämpft um seinen Einstand ebenso erbittert wie der Hirsch um sein Rudel. Brunftkämpfe wie beim Hirschen gibt es jedoch beim Rehbock nicht, da er nicht um ein Rudel kämpft, sondern nur mit einer Ricke brunftet.

Es gibt besonders gefährliche »Mörder« unter den Böcken. »Mörder« werden ältere kräftige Böcke genannt, die ein endenloses Gehörn – zwei spitze Stangen – haben.

Die hohe Zeit der Brunft – sie beginnt ungefähr um den 25. Juli und endet um den 10. August – heißt bei den Rehen Blattzeit. Sie hat nichts mit dem Blattschuß zu tun – die Blattzeit hat ihren Namen von dem Blatt, das der Jäger für die »Blattjagd« benutzt. Früher war das ein Buchenblatt, mit dem der Jäger einen bestimmten Fiepton der Ricke nachahmte. Das Fiepen lockt den Bock an. Heute kann man mechanische »Fiepen« kaufen.

Durch dieses Fiepen und auch durch das Ausströmen besonderer Brunftduftstoffe wird der Bock auf die brunftige Ricke aufmerksam. Auf der Fährte einer brunftigen Ricke schlägt der Bock mit seinem Gehörn und plätzt erregt mit den Vorderläufen. Hat er die Ricke gefunden, treibt er sie viele Male im Kreis – um Strauchgruppen, auf Lichtungen oder auch im Getreidefeld. Die Trampelpfade, die dabei entstehen, nennt der Jäger »Hexenringe« oder auch »Brunftringe«.

Drei bis vier Tage dauert die Brunft. Solange bleibt der Bock bei der Ricke,

Soviel Nachwuchs gibt es selten. Eine Ricke führt drei Kitze.

und viele Male wiederholen sich in dieser Zeit Treiben und Beschlagen.

Die beschlagene Ricke braucht zehn Monate um ein oder zwei, selten auch drei Kitze zu setzen. Bis Mitte Dezember hat sie eine sogenannte Vortragezeit – da ruht das Ei –, und erst dann – in der Austragezeit – beginnt der Embryo zu wachsen. Diese Austragezeit dauert fünf Monate.

Kurz vor dem Setzen sondert sich die Ricke von den anderen Tieren ab und sucht einen ruhigen Platz. Die frischgesetzten Kitze sind voll behaart und sehend. Meist sucht die Ricke hohes Gras auf, in dem sich das Kitz gut drücken kann. Die Ricke bleibt nämlich nicht bei ihrem Kitz.

Kitze haben noch keine Wittrung und sind daher für ihre Feinde nicht aufspürbar und dank ihres gefleckten Haarkleids sind sie auch optisch gut geschützt. Zum Säugen geht die Mutter zu den Kitzen oder lockt sie mit leisem Fiepen zu sich. Es gibt aber einen Feind, der vielen Kitzen jedes Jahr zum Verhängnis wird – der Mähbalken des Landwirts.

Ungefähr mit sechs Wochen verlieren die Kitze ihre weißen Flecken. Langsam wächst das rote Sommerhaar durch und verdeckt sie. Mit vier bis fünf Monaten – ungefähr Anfang Oktober – beginnt dann der erste Haarwechsel: Die graubraune Winterdecke wächst.

Die Kitze leben mit ihrer Mutter ungefähr vierzehn Monate zusammen. Das bedeutet, daß die Ricke Kitze aus zwei Jahren führt. Nur in der Blatt- und in der Setzzeit entfernt sie sich von ihnen.

Vom Beginn des zweiten Lebensjahres an heißt das männliche Stück Jährling und das weibliche bis zum Setzen Schmalreh. Wenn sich Jährling und Schmalreh von der Ricke nicht lösen wollen, werden sie von ihr getrieben, manchmal sogar kräftig mit den Vorderläufen geschlagen. Das

Die grau-braune Winterdecke ist eine gute Tarnung. Die Ricke probiert, ob's am Holunder schon was zu knabbern gibt.

nützt aber nicht viel, da die Jungtiere sofort Demutshaltung annehmen und damit die Ricke am Weiterschlagen hindern. Schmalreh und Jährling ziehen dann in größerer Entfernung von der Ricke.

Die Entwicklung des Gehörns

Das gute Bockkitz schiebt schon im August – ungefähr mit zehn Wochen – sein erstes Gehörn. Das sind kleine Knöpfe oder winzige Spieße, die nach acht Monaten wieder abgeworfen werden. Schon kurz danach wächst sein Jährlingsgehörn, das sehr unterschiedlich ausfallen kann. Gut veranlagte Böcke bringen schon jetzt ein gutes Gabelgehörn, und es gibt sogar welche, die zu dieser Zeit schon ein Sechsergehörn aufbauen.
Im Herbst, nach der Blattzeit, verlieren sie das Gehörn wieder, um im Frühjahr neue Stangen zu schieben, die kräftiger und länger ausgebildet sind.
Das ist der Normalfall. Wenn der Bock aber nichts zu äsen hat oder einen strengen Winter überstehen mußte, kann das Gehörn zurücksetzen: Es wächst dann schwächer als im Vorjahr.
Rehwild wird ungefähr zehn Jahre alt. Es gibt für das geübte Jägerauge viele Merkmale, um die Stücke zu unterscheiden. Körperbau, Verhalten und der jeweilige jahreszeitliche Zustand verraten das Alter des Rehwildes.
Junge Böcke fegen spät und werfen auch spät ab. Die alten Böcke werfen viel früher. Ihre Fegezeit beginnt schon im März. Die Jährlinge dagegen fegen erst im Juni. Aber die alten Böcke bekommen sehr viel später als die jungen ihr Winterhaar. Junge Böcke verfärben sich vor dem Fegen und alte Böcke verfärben sich erst nach dem Fegen. Die alte Jägerregel heißt: Alte Böcke färben spät und werfen früher ab.

Es ist Mai. Setzzeit beim Rehwild. Die Ricke hat sich zur Geburt ein stilles Plätzchen gesucht.

Das Kitz ist geboren. Die Mutter erhebt sich sofort wieder, und auch das Kitz probiert seine vier »Stelzen« aus.

Das Kitz wird trockengeleckt und schon wenige Minuten nach der Geburt sucht das Kitz nach dem Gesäuge. Ricken haben vier Zitzen.

Es ist April. Der Rehbock schiebt sein neues Gehörn. Wenn es in vier Monaten fertiggeschoben ist, trocknet die Bastschicht, eine Haut wie Plüsch mit Nerven und Blutgefäßen, aus denen das Gehörn mit Nährstoffen versorgt wird.

Das Reh wurde beim Äsen gestört. Es setzt über einen Bach und flüchtet Richtung Einstand.

Nach dem Äsen braucht er Ruhe. Der Bock hat sich zum Wiederkäuen niedergelegt. Zwischen dem Wiederkäuen legt er Dös- und Schlafpausen ein.

Im Sommer ist das Rehwild brandrot und im Winter graubraun gefärbt. Es gibt auch Besonderheiten: schwarzes, geschecktes und weißes Rehwild. Auf dem Bild rechts ist ein normales und ein Albino oder Weißling zu sehen.

Es ist Ende April. Der junge Bock bekommt seine Sommerdecke. Büschelweise verliert er sein Winterhaar.

Das Damwild

Damwild ist größer als Rehwild, aber anspruchsloser in seiner Nahrung. Es ist kleiner als Rotwild, verursacht aber weniger Schälschäden. Es braucht Feld, Wald und Wiese als Lebensraum. Das sind einmal lockere Baumbestände aus Eschen, Pappeln, Weiden und zum anderen eine üppige Strauchflora mit Holunder, Hasel- und Laubholztrieben sowie Brombeergestrüpp. Damhirsche leben gesellig und stehen oft in großen Rudeln. Diese großen Rudel, bis zu einhundert Stück, gibt es aber nur an futterreichen Plätzen. Dann können die Tiere es sich leisten, beieinander zu stehen. Gibt es wenig zu äsen, verteilen sie sich. Da der Hirsch scheuer lebt als das Damtier, bleibt er lieber in der Nähe der Dickungen. Das Kahlwild zieht dann weiter.

Im Jagdjahr 1978/79 wurden 11.230 Stück erlegt. Der Gesamtbestand müßte daher bei 30.000 Stück liegen. Vor zehn Jahren konnten nur 2.700 Stück Damwild erlegt werden. Diese Zahlen sprechen dafür, daß sich das Damwild bei uns gut vermehrt hat.

Die besten Lebensbedingungen hat es in Niedersachsen und Schleswig-Holstein. Feuchtes, gemäßigtes Klima und große ruhige Zonen mit Einständen sind für die wachsamen Tiere lebenswichtig.

Als das Damwild ausgestorben war

Vor 120.000 Jahren gab es Damwild in Deutschland, England, Polen, Griechenland, in der Sowjetunion, in Italien und Frankreich. Die Klimakatastrophe der vierten Eiszeit des Pleistozäns hat es bei uns nicht überlebt. Die Nacheiszeit hat das Damwild wohl nur in Kleinasien überstanden, wie prähistorische Funde schließen lassen, aber erwiesen ist es nicht. Jedenfalls leben an der Südküste Kleinasiens noch heute ursprüngliche Damwildvorkommen.

In Europa bemüht man sich, den Damhirsch wieder einzubürgern. Im Mittelalter wurden die Tiere in Gehegen und fürstlichen Parks gehalten und aus diesen wurden sie wohl irgendwann im 18. Jahrhundert in die freie Wildbahn gelassen. Schon damals bot sich das Tier als »Ersatz« für die geschrumpften Rotwildbestände an. Aber erst in unserem Jahrhundert und besonders deutlich in den letzten Jahrzehnten hat sich das Tier so gut entwickelt und verbreitet.

Das große schaufelförmige Geweih, die schöne weißgefleckte Decke (aus der auch feines Leder hergestellt wird), der kräftige harmonische Körperbau und nicht zuletzt das besonders schmackhafte Wildbret ist heute eine Bereicherung für jedes Hochwildrevier. Außerdem ist Damwild weitgehend resistent gegen Parasitenbefall.

Sie brunften in der Kuhle

So sehr sich das Damwild in Gefangenschaft an Menschen gewöhnen kann – in der Freiheit ist es ungewöhnlich wachsam und äugt besser als das Rotwild. Es windet und vernimmt ausgezeichnet. Es soll sogar einen stillverharrenden Menschen erkennen.

Bei Gefahr warnt der Damhirsch seine Artgenossen: Er springt wie eine Antilope mit allen vier Läufen gleichzeitig in die Höhe. Den schwarzen langen Wedel schlägt es dabei seitlich, ein deutliches Signal auf dem weißen, schwarzgerandeten Spiegel. Dieses Gazellenspringen hat manchen veranlaßt, das Tier als »Damzicke« zu beschimpfen, vor allem auch in der Meinung, daß diese Wildart eine eingebürgerte fremde Art sei.

Damwild brunftet später als Rotwild – ab Mitte Oktober bis Anfang November. Der Brunftschrei des Damhirsches ist nicht das aufwühlende tiefe Röhren des Rotwildhirsches – es ist ein helles Röhren in einem langgezogenen Ton.

In seiner Dickung schlägt der Hirsch einen Brunftplatz. Mit den Vorderläufen arbeitet er dabei das Erdreich auf und klopft sich eine Art Wanne heraus, die Brunftkuhle. An dieser Brunftkuhle arbeitet er einige Tage, und jedesmal wenn er sich darin niedertut und wenn er wieder aufsteht, näßt er hinein, damit sie riecht. Er markiert sie mit seinem Geruch.

Diese Brunftkuhle wird so lange tiefer geschlagen, bis der Hirsch sitzend darin nicht mehr gesehen werden kann. Ist der Platz groß genug, kann es sein, daß sich gleich daneben ein zweiter oder dritter Hirsch seine Brunftkuhle einrichtet. Zum Beschlagen gesellt sich das Tier zum Schaufler. Beide tun sich dann in der Kuhle nieder.

Das Damhirschkalb

Das Damtier trägt acht Monate und setzt im Juni ein bis zwei Kälber. Abseits vom Rudel legt es das Kalb gut geschützt im hohen Gras ab und entfernt sich bis auf Hörweite. Drei Wochen dauert dieses »Kindbett«, dann ziehen Tier und Kalb zum Rudel.

Im Frühjahr nach der Geburt setzt das Hirschkalb kleine Spieße ohne Rosen auf; man spricht dann vom Damspießer.

Im Herbst werden die Spieße gefegt und zum Ende seines zweiten Lebensjahres abgeworfen. Wenige Tage nach dem Abwurf wird das zweite Geweih mit einer Aug- und Mittelsprosse geschoben und meistens zeigt es auch schon eine kleine Schaufelbildung. Ungefähr im achten Lebensjahr hat der Damhirsch seine höchste Geweihstufe erreicht. Die Standen sind dann stark und lang, die Schaufeln mächtig. Wenn der kapitale Damschaufler nicht erlegt wird, kann er über dreißig Jahre alt werden.

Damwild als Nutztier

Die vielen »praktischen« Eigenschaften des Damwilds haben in

Damwild im September. Die Schaufler haben fertiggeschoben. Die Fegezeit beginnt. In wenigen Tagen ist das Schaufelgeweih »blank«.

Österreich, Deutschland und der Schweiz einige Leute auf die Idee gebracht, diese Wildart zu domestizieren – zur Fleischgewinnung. Im Kanton Bern sind Gesuche bewilligt worden, daß auf Brachböden Damhirsche in Gattern gezüchtet werden dürfen, die dann geschlachtet und unter dem Titel »Hirschfleisch aus landwirtschaftlicher Zucht« auf den Markt gebracht werden.
Jörg Jahn, Präsident des St. Gallisch Appenzellischen Jagdschutz-Vereins sagt dazu in »Jagd und Hege«: »Das Schicksal von Wildtieren in Gattern zu Schlachtzwecken fordert den Widerspruch nicht nur von uns Jägern, man sollte meinen, daß auch alle Tierschutz-Organisationen der bereits in der Natur bedrängten Kreatur durch scharfe Proteste zur Seite stehen würden. Der unersättliche Mensch maßt sich an, aus reiner Geschäftemacherei weitere Wildtiere zu domestizieren, sie in Gatter einzusperren, zu mästen und dann zu schlachten.
Es ist eine Frage des Gewissens und der Verantwortung gegenüber der Kreatur, solche Vorhaben nicht zu gestatten.«

Bei dieser Familie sind alle Farben vertreten. Im Vordergrund liegt das fast weiße Kalb. Vor dem hinteren Schaufler liegt ein schwarzes Tier und dazwischen Damschmaltier und Damtier in Rostrot.

Der junge Kolbenhirsch döst in der Nachmittagssonne.

Feld, Mischwald und Wiese sind der Lebensraum für Damwild (Bild S. 49).

Das Sikawild

Es gibt nur wenige Sikas in der Bundesrepublik Deutschland. Sie leben in Gattern und einige auch in freier Wildbahn: in Schleswig-Holstein, im Weserbergland, im Sauerland und im Hochrheingebiet. Insgesamt wird ihre Stückzahl auf 1.600 geschätzt.
Der Sikahirsch stammt aus Ostasien und ist mit unserem Rothirsch verwandt. Die »schwarzen Teufel« – so wird das Sikawild wegen seiner dunklen, fast schwarzen Winterdecke genannt – halten sich gern in der Nähe ihrer viel größeren Artverwandten auf. Und in der Brunftzeit (beim Sika dauert sie von Mitte September bis Mitte Dezember) bringen die Hirsche ihre Tiere durcheinander. Kreuzungen zwischen beiden Arten sieht der Jäger aber nicht gern, zumal die Bastarde fortpflanzungsfähig sind, denn solche Kreuzungen gefährden die Arterhaltung.
Das Geweih des Sika bleibt gering. Selten entwickelt er mehr als acht Enden. Doch das Wildbret ist eine Delikatesse. An diese Delikatesse heranzukommen, ist für Kenner von besonderem Reiz – der Sikahirsch ist wachsam und hat einen ausgeprägten Bewegungsdrang.

Wo Rotwild nicht mehr genügend Platz hat, wurden in Deutschland an einigen Stellen Eingewöhnungsgatter errichtet. Die Sikas sind genügsam, winterhart, nicht anfällig gegen Krankheiten, nehmen Futterstellen problemlos an und begnügen sich schon mit hundert Hektar Waldfläche, um dort für immer zu verbleiben.

Das Damtier äugt aufmerksam in die Runde. Es verhofft mißtrauisch, ob sich die Störung wiederholen wird.

Die Brunft ist lang, drei Monate. Die Hirsche drängen sich zu den Kahlwildrudeln und treiben das gewählte Tier ins Abseits. Der Brunftschrei beim Sikahirsch ist ein langgezogener Pfeifton.

Einer der Sinne des Jägers muß in jedem Augenblick unermüdlich tätig sein. Dieser Sinn ist der Gesichtssinn.
Schauen, schauen und nochmals schauen, zu jeder Stunde, in alle Richtungen und unter allen Umständen.
Schauen, wenn man geht, schauen beim Ausruhen, schauen, während man vespert oder sich eine Zigarette anzündet, nach oben, nach unten, nach dem Gelände, das wir eben begangen haben, in die Schluchten, mit dem Feldstecher und mit bloßem Auge, und immer daran denken, daß der Bock, den du in acht Stunden harter Arbeit nicht gefunden hast, sich dir, wenn du richtig schaust, in hundert Meter Entfernung präsentieren kann, wenn du am Abend, vollkommen erledigt, dich wegen deiner Liebhaberei verwünschst und am Eingang der Schutzhütte deine wunden Füße behandelst. Das ist ein guter Rat.

Graf von Yebes

Der Jäger ist der Heger

Die Bevölkerungsexplosion und die sich daraus für die Natur ergebenden Folgen (Ausbreitung von Städten und Dörfern, Zunahme des Verkehrs, Verwendung von Pestiziden, Verunreinigung der Gewässer, Popularisierung des Tourismus usw.) haben der Umwelt schwere Schäden zugefügt. Es ist daher an uns und nur an uns, dieser gefährlichen Entwicklung Einhalt zu gebieten und zu versuchen, einerseits zu retten, was an Naturschätzen erhalten geblieben ist, und andererseits dort wieder natürliche Verhältnisse herzustellen, wo es noch möglich erscheint.
1970 ergriff der Europarat die Initiative, ein »Europäisches Naturschutzjahr« zu organisieren und die Regierungen in Straßburg zusammenzubringen, um ihnen die Gefahren vor Augen zu führen, die die natürliche Umwelt bedrohen. Erst nach dieser Konferenz, die viele Schlagzeilen machte, hat die breite Öffentlichkeit einzusehen begonnen, wie unverantwortlich und unbekümmert überall mit den Naturschätzen umgegangen wird, die für den Fortbestand der Menschen und aller anderen Lebewesen notwendig sind. Seit 1970 haben die Regierungen auch im innerstaatlichen und im internationalen Rahmen ihre Bemühungen auf dem Gebiet des Naturschutzes intensiviert und dabei auch Schutzmaßnahmen für die Fauna getroffen.

Welche Rolle hat der Jäger?

Im Bewußtsein der Gefahren, die dem Wild wegen der immer kleiner werdenden Biotope und Lebensräume drohen, schaffen die Regierungen sowie die um seinen Schutz bemühten nationalen und internationalen Verbände jetzt immer zahlreichere Schutzgebiete, in denen die verschiedenen Arten Nahrung finden, rasten und sich fortpflanzen können. Obwohl diese Schutzgebiete sich oft über recht große Flächen erstrecken, entfällt auf sie insgesamt nur ein Bruchteil der »freien Natur« unseres Planeten. Der Jäger hat daher auch außerhalb der Schutzgebiete zur Erhaltung der Fauna beizutragen. Es stimmt nicht, daß sich der Jäger nur um »sein Wild« kümmert. Im Gegenteil, der Jäger ist in erster Linie am Naturschutz interessiert, denn ohne die entsprechenden Lebensräume und Biotope könnte das Wild gar nicht überleben. Der Jäger tut nicht nur, was in seinen Kräften steht, um die für das Wild erforderliche Umwelt zu erhalten (in der auch andere nicht jagdbare wilde Tiere leben!). Er bemüht sich auch um die Erhaltung des Gleichgewichts in der Fauna, indem er beispielsweise die Population der Raubtiere oder Raubvögel dort vermindert, wo sie überhand genommen haben, die Population der Arten reduziert, die in Feld und Flur Schäden anrichten usw., während in den Jagdrevieren die unter Schutz gestellten Tiere eine Überwachung genießen, die andernorts gar nicht möglich ist.

Wer legt Wildäcker an? Wer kümmert sich um Futter für Rebhuhn, Fasan und Rehwild im Winter? Das ist Arbeit für den Jäger.

Beim Angeln denkt sich keiner was

Viele Menschen haben nichts für die Jagd übrig. Sie finden sie grausam und des Menschen »unwürdig«. Warum haben diese Jagdgegner nichts gegen den Fischfang zu sagen? Schrecken sie nur deshalb davor zurück, weil der Angelsport so beliebt ist und von so vielen betrieben wird? Es ist traurig, daß die, die die Jagd verdammen, nicht wissen oder nicht wahrhaben wollen, was eine gut geregelte und vorschriftsmäßig betriebene Jagd dem Schutz der Fauna und der Natur Gutes bringt.

Wenn es weder Jäger noch Jagdhüter gäbe, wer würde dann

- das Wild in Zeiten ungünstiger Witterung mit Futter versorgen?
- die Stellen überwachen, an denen es seine Jungen zur Welt bringt oder rastet?
- gegen Wilderer angehen?
- überhandnehmende Arten zahlenmäßig verringern?
- Arten in Grenzen halten, die allzu große Schäden anrichten?
- ausgestorbene oder selten gewordene Arten wieder einführen?

Diese sechs Punkte lesen sich so einfach. Dabei steckt unendlich viel Überlegung und Arbeit dahinter. Kaum ein Spaziergänger wird darüber nachdenken, was es heißt, einen für das Wild ausgewogenen Wildacker anzulegen, wenn er an den »komischen Pflanzen« am Waldrand vorbeikommt.

Da werden 500 bis 1.000 Kilogramm Kartoffeln mit der Hand gepflanzt. Da werden Topinamburreihen gesetzt, eine hochwüchsige Kartoffelpflanze. Und nach dem Hacken im Juni werden in die Furchen Kreuzblütler gesät. Es wird möglichst nichts gedüngt, nicht gekalkt und schon gar nicht gespritzt.

Im Herbst braucht das Wild gehaltvolle Äsung, um sich Reserven für den Winter anzufressen. Ein gemischter Kartoffelacker bietet dem Wild ein ideales Stärke-Eiweiß-Angebot.

Selbstverständlich gehört es auch zu den Aufgaben des Jägers, für genügend Proßholz (Verbißgehölze) in seinem Feld- oder Waldrevier zu sorgen. Er sammelt die Samen und pflanzt die Stecklinge.

Dies sind nur einige Beispiele, die veranschaulichen, welche Vorteile eine gut betriebene Jagd für die Erhaltung der Natur und der Fauna haben kann.

Es ist bereits angeregt worden, alle diese Aufgaben »staatlichen Jagdhütern«, also Beamten, zu übertragen. Wenn man jedoch bedenkt, welche ungeheuren Ausgaben bereits der Unterhalt eines einzigen Reviers mit sich bringt, kann man sich mit Recht fragen, welche Regierung nach Abschaffung jeglicher »privaten« Jagd in der Lage wäre, in ihrem Haushalt die erforderlichen Mittel für die Entlohnung

Es gibt keine natürlichen Äsungsflächen mehr im Wald. Raps, Hafer, Kohlrabi und Topinambur helfen die Verbiß- und Schälschäden im Forst zu vermindern.

der Jagdhüter sowie für alle anderen zur Überwachung der Jagd und der Fauna notwendigen zusätzlichen Aufwendungen bereitzustellen.

Gewiß gibt es Staaten, die das können – die sozialistischen Staaten des Ostblocks. In diesen Ländern gibt es eine gut organisierte Jagd mit viel Wild, die vom Staat betrieben wird, der daraus übrigens Einkünfte bezieht: unter anderem aus der touristischen Jagd, die für Ausländer organisiert wird. Aber gleichgültig, ob es sich nun um private oder staatliche Jagd handelt, geht der Jagdbetrieb weiter, da er unentbehrlich ist, um das Gleichgewicht in der Natur zu wahren und die Fauna im Interesse der künftigen Generationen zu erhalten.

Jagd ist eine Freizeitbeschäftigung, aber auch eine Notwendigkeit

Die Jagd ist für den Jäger eine verlockende Freizeitbeschäftigung in unmittelbarem Kontakt mit der Natur. Sie ist eine Leidenschaft, der einerseits das Streben zugrunde liegt, aktiv am Geschehen in der Natur teilzuhaben, die der Mensch aber andererseits (vielleicht unbewußt) von seinen Vorvätern ererbt hat, die auf die Jagd gingen, um sich zu ernähren, sich zu kleiden und sich gegen die großen Raubtiere zu wehren. Die Jagd sollte nicht unter die Sportarten eingestuft werden, weil das Wort »Sport« eher an Spiele oder Wettkämpfe denken läßt.

Die Pflichten der Jäger sind schon aufgezählt worden. Dafür haben die Jäger das Recht, mit Hilfe des Jagdgewehrs die jährliche Reproduktion

Bevor der Landwirt den Mähbalken ansetzt, verständigt er den zuständigen Jäger. Er rettet die Kitze vor dem Mähtod.

Eine Arbeit, die ihm keiner abnimmt: Der Jäger holt den Müll aus dem Revier. Es gibt doch immer wieder feine Leute, die ihren Müll im Walde wachsen lassen!

des betreffenden Wildbestandes zu ernten, ohne jedoch den Fortbestand der Population zu gefährden. Ist die Population einer Art im Verhältnis zu einem gegebenen Biotop oder Lebensraum allzu zahlreich geworden oder richtet eine Art in Feld oder Wald allzu große Schäden an, so muß sie reduziert werden. Wird dagegen eine Art aus irgendeinem Grund (z. B. wegen der klimatischen Verhältnisse) selten, so müssen Schutzmaßnahmen getroffen werden (Verkaufsverbot, Verkürzung der Jagdzeiten oder Jagdverbot für die betreffende Art), damit der Bestand wieder soweit nachwachsen kann, wie es bei dem gegebenen Biotop oder Lebensraum und im Hinblick auf die damit eventuell verbundenen Flurschäden vertretbar erscheint.

Dies alles setzt eine fast ständige Kontrolle oder Überwachung voraus, die sich oft auch über die nationalen Grenzen hinaus erstrecken müßte. Zur Erhaltung der Fauna und ihrer Überwachung sind Texte von internationaler Tragweite ausgearbeitet worden: eine Richtlinie für den Vogelschutz von der Europäischen Gemeinschaft, ein Übereinkommen über den Naturschutz (Fauna und Flora) vom Europarat und ein Übereinkommen über den Schutz der migratorischen (wandernden) Fauna von der UNESCO. In allen diesen Texten wird in mehreren Abschnitten auf die Jagd hingewiesen, denn sie ist für die Erhaltung des Wildes notwendig (oder unvermeidlich).

Auf den Sitzungen der Sachverständigen, auf denen diese Texte abgefaßt wurden und bei denen auch einige Jagdgegner vertreten waren, wurden immerhin nicht wenige Plädoyers zugunsten der Jagd gehalten. Demnach genießt die Fauna, das Wild wie die nicht jagdbaren Tiere, dort, wo die Jagd gut geregelt ist, einen besseren Schutz als in Regionen, in denen das Jagen untersagt ist oder überhaupt keine Jagd betrieben wird.

Es wurde sogar auf das Beispiel von zwei afrikanischen Staaten verwiesen, in denen die Jagd abgeschafft wurde und wo jetzt nach einigen Jahren infolge des Wilderns die Wildbestände in geradezu beängstigender Weise abgenommen haben. Die gleiche Entwicklung war in Indien bei den Tigern zu beobachten. Nachdem den Maharadschahs ihre exklusiven Jagdrechte abgesprochen worden waren, haben Wilderer auf Betreiben der Pelzhändler die Bestände derart dezimiert, daß die Regierung – übrigens auf die Initiative einer internationalen Instanz hin – jetzt die Tigerjagd völlig verboten hat. Da man jedoch nicht über die erforderlichen Mittel für die Wiedereinführung der erforderlichen Überwachung verfügt, wird nach wie vor gewildert, und die Zukunft der Tiger in Indien ist noch immer in Frage gestellt.

Den verantwortungsbewußten Jäger zeichnet sein diszipliniertes Verhalten aus. Das bedeutet nicht nur, daß er einen Jagdschein besitzt oder erwirbt. Er hat große Achtung vor der Natur – und der Jäger, der sie nicht »von Natur aus« hat, hält sich streng an die Jagdgesetze und an die Naturschutzvorschriften, die in seinem Lande gelten.

Für den Fotografen hat dieser alte Herr »Wilderer« gespielt. Der Spaziergänger im abgewetzten Mantel sieht harmlos aus – wie ein Profi.

Wer sein Revier kennt, weiß genau, wenn gewildert wird, und bei Verdacht wird der Jäger den Fremden ansprechen.

Unerlaubter Waffenbesitz und Wilderei – der Jäger ist verpflichtet, den »Spaziergänger« anzuzeigen. Ob sein Wild nun wieder Ruhe hat?

Der Steinbock

In der Röth am Königssee lebt das Steinwild der Bundesrepublik. Es ist ganzjährig geschont. Ein ausgewachsener Steinbock wiegt zwei Zentner, sein Gehörn rund fünfzehn Kilogramm. Virtuos klettert Familie Steinbock – sie lebt in Rudeln – in die steilsten Felswände.
Wer einen Steinbock mit seiner Tönnchenfigur zum erstenmal sieht, kann nicht glauben, wie sicher dieses gedrungene Tier steigt.
Das Geheimnis seiner Steigkunst liegt in den Schalen: Sie sind breit und haben scharfe Ränder, die auf dem Felsen immer wieder »gewetzt« werden. Die weichen Innenflächen sind nach innen gewölbt und drücken beim Auftreten nach unten. Dadurch entsteht ein Vakuum, so daß der Fuß wie eine Saugglocke am Fels haftet.
Im Sommer steigt das Wild auf dreitausendfünfhundert Meter Höhe. Die Flechten zwischen dem Geröll und das vertrocknete Gras an den steinigen Hängen ist karg, aber es genügt ihm als Äsung. Im Winter sucht das mächtige und genügsame Tier nach Flechten, die in den unteren, saftigeren Regionen wachsen.
In den Jagdchroniken gibt es kein Steinwild. Dort heißt es Fahlwild – nach der »fahlen« Farbe. Es hat sich den Gesteinsfarben so angepaßt, daß es kaum zu erkennen ist. Im Herbst färbt das rötlichbraune Fell um in die gelbgraue Winterfarbe.
Das mächtige Gehörn war zu allen Jagdzeiten eine begehrte Trophäe. Kaiser, Könige, Kirchenfürsten und Wilderer jagten Bock und Geißen. Schuld daran war aber nicht nur die Trophäe – bei der Geiß ist sie nur dreißig Zentimeter lang – sondern auch der Aberglaube: Wenn das Steinbockgehörn nicht an die Wand kam, wurde es von Wundermedizinern verarbeitet und sündhaft teuer verkauft, als Aphrodisiakum, als unfehlbar wirkendes natürlich.
Es gab noch einen wichtigen Grund, das Steinwild zu jagen. Im Pansen des Wiederkäuers gab es die Bezoare. Bezoare sind Glücks- und Heilbringer. Übersetzt heißt Bezoar »Gegengift«. Vielleicht ist das Wort abgeleitet von dem arabischen Wort Bazar; auf jeden Fall gibt es aber eine asiatische Bezoarziege, deren Magensteine auch in der orientalischen Volksmedizin als Heilmittel verwendet werden.
Die Magensteine sind Tierhaar- oder

Pflanzenhaarbälle, die bei manchen erlegten Tieren im Pansen gefunden werden. Beim Lecken des Felles und bei der Äsungsaufnahme kommen die unverdaulichen Haare in den Pansen, wo sie durch die Muskelbewegungen des Wiederkäuermagens zusammengekugelt werden.

Ein Bischof jagt den Wilderer

Der Aberglaube an die heil- und glücksbringenden Wirkungen ist dem Steinwild an das Leder gegangen. Der italienische König Victor Emanuel II. fürchtete mit Recht, daß das von ihm so gern bejagte Tier in Europa aussterben würde. Also tat er etwas dagegen.
1861 ging dieser König als Heger und Retter des Steinwildes in die Jagdgeschichte Europas ein: Er gründete im Aostatal das Wildreservat »Gran Paradiso«. Für das Gebirgswild war es tatsächlich paradiesisch. Auf sechsundfünfzigtausend Hektar fand es ideale Überlebensbedingungen.
In Österreich, der Schweiz und Deutschland war das Tier schon ausgerottet. Auch unmenschliche Strafen für bezoargierige Wilderer nützten nichts. Einem Salzburger Bischof war das Tier sogar so lieb, daß er es mit Menschenleben bezahlte und sehr erfinderisch in der Art seiner Bestrafungen war: Einmal ließ er einen Wilderer in Hirschhäute einnähen und von Hunden zu Tode hetzen.
König Emanuel hütete seine Steinböcke und ließ kein Tier aus dem Gran Paradiso. Auch hohe Politiker, aus der Schweiz zum Beispiel, konnten ihn nicht dazu bewegen. Erst mit der entsprechenden Menge Fränklis und bestochenen Grenzbeamten gelang es, einige Kitze einzuschmuggeln. Es hat sich gelohnt. Aus dieser »Schmuggelware« ist der Vermehrungstierpark St. Gallen entstanden. Die Schweiz hat heute rund viertausendfünfhundert Nachkommen von »Wucki«, einem Böcklein aus dem Gran Paradiso. Das sind genug, um die Jagd auf das Steinwild in der Schweiz wieder sanft anzublasen.

Muffelwild ist widerstandsfähig, vermehrt sich beständig und kann sich seiner Umgebung gut anpassen. Es lebt in der Heide, in Waldrevieren mit Sträuchern, auf Wiesen und trockenem felsigem Gelände.

Das Muffelwild

In der Lüneburger Heide und im Harz wurde 1902 und 1906 das erste Muffelwild in Deutschland ausgesetzt. Das anspruchslose Wildschaf stammt aus Korsika und Sardinien und gehört zur kleinsten Wildschafart.
Um die attraktive, ausgewachsene Schnecke zu bekommen, braucht ein Muffel oder Mufflon zehn Jahre. Nur die männlichen Tiere haben diesen Kopfschmuck. Den Schafen – das sind die weiblichen Muffel – wächst in seltenen Fällen ein kleines Gehörn, Stümpfe, die bis zu zwölf Zentimeter lang werden.
Im Winter hören die beiden Schläuche der Widder kurz auf zu wachsen. Es

entsteht dann eine Art Wulstrille. Das sind die Jahresabsätze, an denen man das Alter des Widders erkennen kann.
Bei manchen Widdern wächst die Drehung des Gehörns nicht rechtzeitig, was für ihn lebensgefährlich ist, denn die Spitzen wachsen dann in den Äser, in die Lichter oder auch in das Wildbret. Sie werden Kiefer- oder Nackeneinwachser genannt. Diese Einwachser müssen abgeschossen werden.
Über das Einwachsen der Schlauchspitzen schreibt Karl-Heinz Dauster in »Jagd und Hege in aller Welt«, einer Erinnerungsschrift: »Keine Tiergattung außer dem Muffelwild besitzt den Typ des Selbstmordanwärters, wie ihn das befürchtete Einwachsen der Schnekken in Haupt oder Träger kennzeichnet.« Einwachser, die nicht rechtzeitig geschossen werden, müssen qualvoll verenden.
Mit einer normal gewachsenen Schnecke wird ein Muffel in freier Wildbahn sechzehn Jahre alt, im Gehege zwanzig Jahre.
Widder sind mit eineinhalb Jahren geschlechtsreif, Schafe schon mit sieben Monaten brunftig. Nach hundertfünfzig Tagen Tragzeit setzt das Schaf ein Junges, selten Zwillinge. Die Geburt dauert nur ein bis zwei Stunden. Noch am selben Tag stakst das Junge, das nicht mehr als vier Pfund wiegt, mit der Mutter Richtung Rudel, von dem sie sich für die kurze Zeit der Geburt entfernt hat. Das Schaf säugt sein Lamm einen Monat lang mit einem halben Liter Milch täglich.
Mufflons ernähren sich vorwiegend von Gras – der kleinere Teil ihrer Nahrung besteht aus Blättern von Bäumen

Der erlegte und verbrochene Muffelwidder hat eine gutgewachsene Schnecke. Den großen weißlichen Fleck auf der Flanke trägt er auch auf der anderen Seite. Er wird Schabracke, Schneefleck oder auch Sattel genannt.

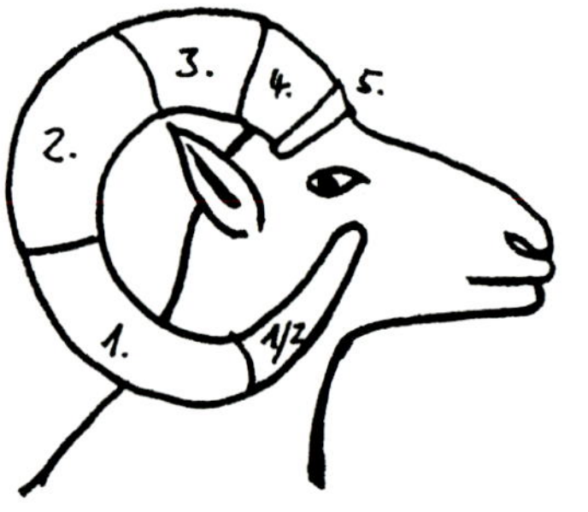

In den Jahresringen ist das Alter zu erkennen. Diese Muffelschnecke ist fünfeinhalb Jahre alt.

und Sträuchern, Kräutern, Samen und Früchten. Und weil das Muffelwild so genügsam ist, äst es auch Disteln, Heidekraut und Brennesseln.
Dieses forstfreundliche Verhalten trifft allerdings nur auf die echten Muffel zu. Es gibt auch unechte: Kreuzungen mit Hausschafen. Es gab Versuche, Muffelwild mit Heidschnucken zu kreuzen, um größere Schnecken zu bekommen. Die Kreuzungen begnügen sich aber nicht mit der Äsung, sie schälen, und das bekommt der Forstwirtschaft nicht.
Unter den sechstausend Mufflons der Bundesrepublik gibt es einige Widder, die blöken, oder Schafe, die eine wollige Decke haben. Das sind sichere Bastardzeichen. Diese Tiere werden – wie die Einwachser – geschossen. Die Rasse soll wieder rein werden.
In der Brunftzeit nähert sich der Widder den Schafrudeln, er trennt sich dann von seinem Trupp, den anderen Widdern. In dieser Zeit kann man weithin die Rammstöße der rivalisierenden Widder hören. Dabei schlagen sie ihre Schnecken so aufeinander, daß die Kampfschläge einige hundert Meter weit dröhnen. Der Unterlegene flieht, meistens unverletzt.
Auch Schafe können kämpfen. Sie verteidigen ihre Lämmer sogar gegen Füchse. Dabei schlägt das Schaf mit den Vorderläufen. Wenn es mit einem der Vorderläufe aufstampft, ist das eine energische Warnung.

Das Gamswild

Die Gamsgeiß, der Gamsbock, das Bockkitz und das Geißkitz und Schmalgeißen sind zusammen *das* Gams. Geißen sind weibliche Tiere, die gebrunftet oder schon gesetzt haben. Böcke sind die männlichen Tiere. Kitze sind die Kleinen und Schmalgeißen sind weibliche Tiere vom Beginn des zweiten Jahres bis zur Brunft.
Unser Gamswild lebt in den Bayerischen Alpen und im Schwarzwald. Das Gams ist eine Ziegenart, die manche auch als einzige europäische Antilopenart bezeichnen.
Gamswild gehört zum Tageswild und ist den ganzen Tag auf den Läufen, um Gras zu äsen. In lawinensicheren Felsspalten sucht es anschließend Ruhe zum Wiederkäuen. Aber nur selten wird es nicht gestört. Sein Lebensraum wird durch den Tourismus sehr eingeschränkt. Lifte und Skihänge haben das Gamswild auch in die Bergwälder getrieben.
Einen Bock von einer Geiß zu unterscheiden, gelingt auf Anhieb nur sehr erfahrenen Jägern. Beide tragen nämlich Krucken. Die Krucken sind zwei hohle Hörner, die an ihren Enden stark gebogen, gehakelt sind. Die Hakel des Bockes sind normalerweise etwas stärker und enger gebogen als die der Geiß. Es gibt aber auch bockkruckige Geißen und geißkruckige Böcke. Die Kunst des richtigen Ansprechens erfordert dementsprechend viel Erfahrung.
Zum Ansprechen ist das Haupt und seine Färbung ebenso wichtig. Bei älteren Tieren sind die schwarzen Zügel nicht mehr so scharf gegen das Weiß abgegrenzt wie bei jungen Tieren. Schwarz und Weiß laufen bei ihnen ineinander. Der Körper des Bockes ist stärker, gedrungener, und bei älteren Böcken ist Länge und Stärke des Pinsels im Winterhaar ein sicheres Merkmal.
Eine begehrte Trophäe ist der Bock im Winterhaar, das sich im Oktober von braun und kurzhaarig in lang und grauschwarz bis schwarz umfärbt. Ein langhaariger Gamsbock bietet neben der Krucke – die nach dem fünften Lebensjahr nur noch millimeterweise wächst – den berühmten Bart als Trophäe. Der Gamsbart wächst nicht unter dem Kiefer, sondern entlang der Wirbelsäule vom Träger bis zum Wedel. Die längsten Haare, vom Widerrist zum Wedel, werden nach dem Erlegen gerupft und kunstvoll von Gamsbartbindern einzeln zusammengebunden. Ein Gamsbart am Jägerhut ist Handarbeit und zwischen vierhundert und viertausend Mark zu haben.
Gamswild lebt in Rudeln. Nur weibliche Tiere, ihre Kitze und noch nicht geschlechtsreife Böcke bilden ein Rudel. Böcke leben in Trupps, manche auch einzeln. Alte Böcke sind in jedem Fall Einzelgänger. Sie können fünfzehn Jahre alt werden.
Von Ende Oktober bis Mitte November ist Brunftzeit. Dann schwellen die Gamsfeigen bei Geiß und Bock und strömen ihren Moschusduft aus. Die Gamsfeigen sind Duftdrüsen, die hinter den Krucken liegen.
Die Trupps der Böcke lösen sich dann auf und nähern sich den weiblichen Gamsrudeln. Die Böcke verhalten sich

Eine Geiß mit ihrem Kitz. Die Lauscher sind aufgestellt. Gamswild warnt sich gegenseitig durch Pfeifen. Dabei preßt es Luft durch die Nasenlöcher, den Windfang.

Gamsbock im Winterhaar zur Brunftzeit.

Ein großes Winterrudel auf der Suche nach Äsung.

in der ersten Novemberhälfte, der eigentlichen Brunftzeit, sehr unruhig. Und sie blädern – so nennt man die meckernden Brunftlaute. Rivalen werden erbarmungslos die Felswände hinauf und herunter gejagt, und zwar in wenigen Minuten. Der Stärkere kehrt dann zu den brunftigen Geißen zurück. In diesen Wochen hat der Bock keine Zeit und wahrscheinlich auch kein Bedürfnis zu äsen. Er magert sehr stark ab.

Damit jeder Bock seine Geiß findet, achten die Revierinhaber darauf, daß es ebenso viele männliche wie weibliche Tiere gibt, denn sonst kommen die abgebrunfteten Böcke zu schwach in den Winter.

Gamswild wird normalerweise nicht gefüttert; nur in besonders strengen Wintern und wenn das Gamswild von Parasiten und Krankheitserregern befallen ist, wird eine Ausnahme gemacht.

Starke Tiere, also Tiere, die genügend Äsung haben oder gut gefütterte, erkranken nur selten an Gamsblindheit oder Gamsräude. Der Jäger füttert dann aus Heutristen Heu, Kleeheu und Hafer, und im Salzleckstein sind neben Mineralstoffen Entwurmungsmittel und Mittel gegen die Räude enthalten.

Beide Krankheiten sind von den Gamsrevierinhabern außerordentlich gefürchtet, da sie sich wie Seuchen verbreiten. Die Gamsräude wird von kleinen Milben verursacht, die sich in die Haut einbohren und vom Gewebesaft leben. An den erkrankten Stellen fällt das Fell aus, und die Haut ist mit einem dicken Grind überzogen. Zuerst beginnt die Räude an Kopf und Hals, später kann sie auf den ganzen Körper übergehen.

Diese Milbenkrankheit wird durch gegenseitiges Berühren der Tiere übertragen. Nur sehr starke, gut ernährte Stücke sind in der Lage, genügend Abwehrstoffe zu entwickeln, um wieder zu gesunden.

Ebenso ist es bei der Gamsblindheit. Wahrscheinlich ist ein noch nicht gefundenes Virus die Ursache für diese gefährliche Krankheit. Zuerst entzündet sich die Bindehaut, dann die Hornhaut und schließlich erblindet das Tier. Der Jäger erkennt ein an Gamsblindheit erkranktes Tier von weitem an seinen unsicheren Bewegungen.

Da es nur noch sehr wenige ruhige Gamswinkel in den Bayerischen Alpen gibt und in letzter Zeit auch zuviel in den Bergen gejagt worden ist, wird die Bundesrepublik mit ihrem Gamswildbestand immer weit hinter Österreich und der Schweiz liegen. Die Streckenzahlen sagen viel: In der Bundesrepublik werden jährlich zweitausend, in Österreich zwanzigtausend und in der Schweiz zehntausend Stück Gamswild erlegt.

Frischlinge – die Wildschweinkinder.

Das Schwarzwild

Wildschweine sind Feinschmecker. Wo der Boden Fraß verspricht, grunzen sie mit ihrem Gebrech (Maul) laut schnaubend über den Waldboden. Und wo es nach Insekten, Mäusen oder Maulwürfen riecht, wühlt das selbstbewußte Wild tiefe Löcher in die Erde.

Der ideale Biotop der Wildschweine sieht so aus: feuchter Laubwald, Baumbestand in verschiedenen Altersklassen, viele Buchen und Eichen für die Mast. Für Bucheckern und Eicheln läuft ein Wildschwein meilenweit. Der Laubwald darf auch ein Mischwald sein. Verschieden alte Nadelbäume bieten dem Wildschwein – das aus »Reviererfahrung« sehr scheu ist – Ruhe und Deckung.

Und irgendwo sollte ein Bächlein fließen. Nach dem nächtlichen Fraß ziehen sie dort zur Tränke im Morgendämmer. Schlammige Wege, in deren tiefen Spuren das Wasser auch im Sommer nicht austrocknet, nehmen die Tiere auch zum Suhlen, diese reichen aber nicht aus. Mehrere Suhlen gehören in das Wildschweinrevier.

Beim Förster ist das Wildschwein recht beliebt. Der Allesfresser kümmert sich um forstschädliche Insekten: Er frißt Roßameisen, Raupen und Puppen, Larven der Riesenschnake und Engerlinge der Maikäfer, und beim geräuschvollen Suchen nach Fraß wird der Waldboden ordentlich gelüftet.

Landwirte, die ihre Felder in der Nähe eines Waldes mit Wildschweinen haben, fürchten ihre Wühlarbeit. Gibt's im Wald nichts mehr zu holen, ernten sie auf dem Feld: Kartoffeln, Hafer, Klee, Mais und Rüben, und da Wildschweine nur in Rotten umherziehen, können sie über Nacht ein Feld so umarbeiten, daß es wie nach einem kleinen Manöverschaden aussieht. Sie können daher gelegentlich die guten Beziehungen zwischen Landwirt und Förster empfindlich stören.

Schwarzwild gehört zu dem nichtwiederkäuenden Schalenwild. In der Waidmannssprache hat jedes Mitglied einer Wildschweinfamilie seine genaue Bezeichnung: Das männliche Wildschwein ist der Keiler, das weibliche die Bache. Wildschweine im zweiten Lebensjahr heißen Überläufer und die Wildschweinkinder bis zum ersten Lebensjahr heißen Frischlinge.

Mit dem vierten Lebensjahr ist der Keiler ein angehendes Schwein, mit fünf Jahren ist er ein hauendes, mit sechs Jahren ein gutes Schwein und ab dem siebten Lebensjahr wird er als Haupt- oder grobes Schwein bezeichnet. Diese genaue Spezifizierung geht noch weiter: Hat ein Hauptschwein eine starke Verdickung der Schwarte – durch Harz und Lehm – ist es ein Panzerschwein.

Bei der Bache ist das ein bißchen einfacher: Sie wird zweijährige, dreijährige und vierjährige Bache genannt. Ab dem fünften Lebensjahr steigert sie sich zur starken, alten oder groben Bache.

Den Tag verbringen die Wildschweine in der Dickung. Bei Einbruch der Dunkelheit ziehen die Rotten – oder auch einzelne Hauptschweine – über lange Strecken auf der Suche nach Feldern. Sie grunzen, schmatzen und die Frischlinge quieken. Unterwegs nehmen sie mit, was sich ihnen bietet: Gelege, Junghasen und sogar Rehkitze. Und wenn sich die Rotte auf den Feldern dann durch Mais, Gerste, Klee und Hafer gewühlt hat, zieht sie zur Tränke oder Suhle – dem Platz, an dem der Jäger im Morgengrauen die gesättigte Rotte ins Visier bekommt.

Schwarzwild gilt als ritterliches und wehrhaftes Wild. Angeschossene, das heißt angeschweißte Tiere ergreifen, solange sie sich irgendwie fortbewegen können, klaglos die Flucht. Das wehrhafte Wild gibt nicht leicht auf, wie erfahrene Jäger, die Schwarzwild in ihrem Revier haben, wissen. Ein

Drei Bachen mit dreiundzwanzig Frischlingen. Vier bis zwölf Frischlinge kann eine Bache im Jahr setzen. Unter besonders günstigen Voraussetzungen wird die Bache zweimal im Jahr rauschig. Dadurch ist es möglich, daß zum Beispiel drei Bachen in einem Jahr dreiundsiebzig Nachkommen haben.

In der Suhle nimmt das Wildschwein das lebensnotwendige Schlammbad. Damit wird die Schwarte von Fliegen, Hirschlausfliegen und den lästigen Stechinsekten gereinigt. In der Nähe sollten Malbäume stehen: Bäume mit rauher Rinde, an denen sich das Schwarzwild nach dem Schlammbad mit Genuß die Schwarte scheuert.

zerschmetterter Lauf ist kein Grund zum Klagen und Sterben. Das Wildschwein wird auf drei Beinen in die Dickung abziehen, seine Wunde ausheilen und in Zukunft auf drei Beinen durch das Leben eilen.

Aber wehe – ein Keiler ist angeschossen, angeschweißt, wie es in der Waidmannssprache heißt, und sichtet den Urheber seines Schmerzes. Eine Drehung, den Kopf nach unten und so vorgeschoben, daß jeder weiß, das bedeutet Angriff. Das bedeutet Keilen. Vor den heftigen Schlägen mit dem Gewaff kann sich der Jäger nur auf den nächsten Baum retten.

Das »schlaue Schwein« ist nicht so leicht zu erlegen. Die Intelligenz dieser Tiere hat schon die alten Jagdfürsten zur Bewunderung gezwungen. In den Chroniken der Könige von Kastilien steht geschrieben: »Am Freitag, dem 28. November dieses Jahres (1449), brach der Fürst von Toledo zur Jagd in das Revier von Requena auf, um ein großes Wildschwein zu erlegen, das, wie man ihm sagte, in diesem Revier war; und er ließ aus jener Gegend über tausend Menschen kommen, damit sie den Wald umstellten. Und als der Fürst in das Revier kam und sich das Wildschwein so umringt sah, zog es zum Flusse hinab, der in der Nähe des Reviers vorbeifloß, und schwamm ans andere Ufer, so daß niemand, weder zu Fuß noch zu Pferd, es wagte, das Tier daran zu hindern, über den Fluß zu schwimmen.«

Je älter ein Wildschwein ist, um so scheuer und vorsichtiger wird es sich verhalten. Dann wissen die Tiere sogar, daß sie in mondhellen Nächten

nicht die gewohnte Kleefläche aufsuchen dürfen.
Die intelligenten Borstentiere sind außerdem auch sehr fruchtbar. Friedrich Türke hat in dem Buch »Wild und Jagd« an einem Rechenbeispiel aufgezeigt, daß sich drei Bachen in einem Jahr auf achtundsiebzig Tiere vermehren können. Er schreibt: »Legt man eine Tragzeit von hundertzwanzig Tagen und eine Aufzuchtzeit der Frischlinge von etwa vier Monaten zugrunde, so können durchaus zweimal im Jahr Frischlinge geboren werden. Beide Generationen kommen jedoch im Frühjahr – beispielsweise im April (1) und im Februar (2) zur Welt. In diesem Fall können tatsächlich alte und neue Frischlinge mit ihrer Mutterbache vor Ablauf eines Jahres zusammensein. Sollte eine Bache zum zweiten Mal

Dezember: Rauschzeit bei Schwarzwilds. Nach dem Beschlagen dauert es vier Monate, bis die Bache frischt. Tragende Bachen frischen gern in Saubuchten, die der Jäger in Dickungen aus gepreßten Strohballen errichtet.

Die bräunlichgelben Längsstreifen der Frischlinge verfärben sich zuerst in Rotbraun, nach einem Jahr sind sie schwarzgrau überwachsen. Die Bache säugt ihre Nachkommen fast ein halbes Jahr lang. In dieser Zeit will sie nichts vom Keiler wissen.

Familie Schwarzwild bei der Arbeit. Die Frischlinge wissen ihr Gebrech schon wildschweinmäßig einzusetzen. Unter dem Märzschnee suchen sie nach Insektenlarven, Engerlingen und feinem Wurzelwerk.

im August bis September frischen, dann hat sie ihre Frischlinge bald nach der Geburt verloren, sie muß dann Anfang Mai wieder beschlagen worden sein. Sind die Frischlinge aber am Leben geblieben und werden von der Bache gesäugt, dann findet bei ihr in dieser Zeit kein Begattungsakt statt (etwa vier Monate). Mithin kann dieselbe Bache die nächste Generation kaum vor Januar des folgenden Jahres zur Welt bringen.

Eine zusätzliche Vermehrung kann dadurch entstehen, daß Frischlinge aus den Monaten Februar bis April bei guter Ernährung bereits im November bis Dezember des gleichen Jahres rauschig werden und nach vier Monaten Frischlinge bringen. Außerdem kann die zweite Generation der Mutterbachen hinzukommen.«

Diese starke Vermehrungsrate ist aber nur unter idealen Biotopvoraussetzungen und bei ausreichender Mast während des ganzen Jahres möglich – und ohne »Unterbrechung« durch Abschuß natürlich.

Das Schwarzwild unterliegt keinem Bejagungsplan. In der »Bibel« für die Jägerprüflinge »Die Jägerprüfung« heißt es: »Schwarzwild ist im Interesse der Landeskultur kurzzuhalten, keinesfalls aber auszurotten.« Das bedeutet: Alle Frischlinge und alle schwachen Stücke können das ganze Jahr über bejagt werden. Starke Stücke sollen geschont werden. 1979 betrug die Jahresstrecke in der Bundesrepublik 43.766. Im Vorjahr wurden 59.468 Wildschweine geschossen. Die Streckenzahl ist Richtzahl für die Anzahl des Wildbestandes überhaupt: Gibt es mehr Wildschweine, gibt es höhere Abschußzahlen. Bei jeder Wildart wird so gerechnet, aber bei keiner Wildart weiß der Jäger und der Forstbeamte wirklich genau, wie viele Stücke in seinem Revier sind.

Wildbiologen fürchten auch um den Bestand des Schwarzwildes und fordern einen Bejagungsplan, und jeder, der einen delikaten Wildschweinbraten zu schätzen weiß, kann sich auch vorstellen, daß der Wirtschaftsfaktor Schwarzwildbret nicht unerheblich sein kann. Das Kilo Wildschwein bringt 9,50 Mark. Im Jahr 1979 war das ein Wert von insgesamt 18,7 Millionen Mark, mehr als zehn Prozent des gesamten Jahresertrages durch das Wild aus Wald und Flur.

Das Gewaff des Keilers ist eine begehrte Trophäe. Die spitzen Eckzähne, die im Oberkiefer »Haderer« heißen und beim Keiler die Lefzen hochschieben, wachsen hauptsächlich in den ersten vier Jahren, dann wachsen sie nur noch langsam, aber auch in die Breite. Bei den Bachen heißen die Eckzähne »Haken« und sind kleiner als das Gewaff des Keilers, aber als Trophäe sind sie auch anerkannt.

Die friedliche Koexistenz zwischen Landwirt, Jäger und Forstmann im Wildschweinrevier hängt von der Arbeit und von der Versorgung des Wildes durch den Jäger ab. Er muß für genügend Kleeflächen im Wald sorgen; wenn das nicht möglich ist, weil jeder Quadratmeter befichtet ist, hat er die Last mit der Mast. Er muß Kartoffel- oder Maissilage in den Wald schleppen oder Preßlinge aus Weizenkleie und Haferschrot. Er muß für ruhige Einstände und für Suhlen sorgen, und das nicht nur zur Winterszeit, wenn der Boden gefroren ist und das Wildschwein nicht nach saftigen Engerlingen und Mäusen den Boden umgraben kann.

Trotzdem soll es Leute geben, die es grausam finden, wenn die »süßen« Frischlinge »abgeknallt« werden. Keinen Jäger sollten Vorurteile in Rage bringen.

Ein Tierfreund, der sich darüber empört, kennt die Zusammenhänge nicht. Und es wäre sehr positiv für das Image des Jagdwesens, wenn hier jeder Jäger die Gelegenheit ergreifen und mit dem Spaziergänger oder Tierfreund ein freundliches, informatives Gespräch beginnen würde.

Es kann nicht oft genug gesagt werden: Die Aufgaben des Jägers kennen nur wenige.

Die Jahresstrecke 1979 betrug beim Schwarzwild – trotz eines schneereichen Winters – 43.766 Stück, hauptsächlich Frischlinge und Überläufer. Das ist ein Wildbretwert von über 18,7 Millionen Mark.

Dieser Überläufer ist jämmerlich eingegangen. Warum? Eine weggeworfene Konservendose, aus der er sein Untergebrech nicht mehr herausbringen konnte, war sein Tod. »Der Mensch is a Sau!« sagt Qualtinger. Er hat recht, aber der Ausspruch ist doch auch eine Beleidigung für das Tier.

Hasen und Kaninchen

Wenn die Frühjahrssonne die Erde wärmt, ist Rammelzeit. Im April und Mai stieben die Hasen über die Felder. Der Rammler folgt der Häsin. Wenn es mehrere Rammler sind, gibt es Kämpfe, daß die Fetzen fliegen. Die Hasenmänner schlagen aufrecht ihre Rivalen. Sie stehen auf den Hinterläufen und ohrfeigen sich. Wie bei einem Boxkampf gibt es einen schnellen und heftigen Schlagabtausch. Die einzelnen Bewegungen sind kaum zu verfolgen. Nach dem Kampf sieht man dann den Ernst der Lage: Die Rammler haben sich die Wolle aus dem Balg geklopft, die vom leisen Wind über den Acker geweht wird.

Die Rammelzeit dauert bis August, bei besonders günstiger Witterung, einem milden Winter zum Beispiel, kann sie schon im Januar beginnen. Im Mai setzt die Häsin dann ihren ersten Wurf. Der erste Jahreswurf hat aber kaum Chancen zu überleben. Denn einmal sind es nur ein oder zwei Junghasen, und zum anderen hat der Hase wohl die meisten Feinde.

Da sind einmal die Wildtiere selbst: Marder, Iltis, Fuchs, Raubvögel und auch Katzen. Außerdem gibt es noch eine schlimme Hasenkrankheit, die sich bei nasser und kalter Witterung unter den Hasen epidemisch ausbreitet: Die Kokzidiose oder auch Coccidiose ist eine Erkrankung der Darmwände. Coccidien sind Sporentierchen, die in der Darmschleimhaut sitzen. Diese Parasiten schädigen die Darmwände so sehr, daß diese durchlässig werden. Der Hase bekommt extremen, meist blutigen Durchfall, magert ab und geht dann ein. Die Jung-

Feldhasen in der Rammelzeit: Sie ohrfeigen sich. Es geht um die Häsin.

Es gibt ihn nur noch in den Bayerischen Alpen. Der Schneehase ist ganzjährig geschont.

tiere sind besonders gefährdet. Ältere Hasen, die sich bei guter körperlicher Verfassung nur schwach infizieren, können selbst genügend Immunstoffe entwickeln und sterben meist nicht daran; aber mit ihren Ausscheidungen infizieren sie Junghasen.
Hundertzwanzigtausend Hasen bringen wir jährlich mit unseren Autos um, einige Tausend erwischt der Mähbalken, und die zweiundzwanzigtausend Tonnen Streugifte, die in der Bundesrepublik Deutschland jährlich auf die Wiesen und Felder geschüttet werden, geben den Häschen den Rest. Wenn das so weitergeht, wird es noch trauriger, als es jetzt schon ist – mit der Niederwildjagd.
Unter diesen Bedingungen ist es für Herrn Mümmelmann und Frau Häsin schwer geworden, ihre zehn Kinder im Laufe eines Jahres großzuziehen. Die Häsin setzt drei- bis viermal im Jahr – aber nur zwei bis vier Junghasen. Und wo sich die Familie dann einmal niedergelassen hat, da bleibt sie auch.

Lange Läufe, lange Ohren: Der Feldhase ist bald doppelt so groß wie das Kaninchen.

»Wenn man ihn nicht stört und hetzt, bleibt er gern, wo er gesetzt.«
Der Feldhase lebt noch gefährlicher als der Waldhase. Er begnügt sich mit seiner Sasse, einer Kuhle im Feld, in die er sich bei Gefahr drückt. Dort werden auch die Jungen geboren, mit Fell und sehend.
Dem Waldhasen bietet sich mehr Schutz im Unterholz und in Dickungen. Er rückt nur abends in das Feld, und am Morgen geht's zurück in die »Hasenkammer«. So nennt der Jäger den Teil seines Reviers, in dem sich die meisten Hasen aufhalten.

An Läufen und Löffeln kann man sie erkennen

Hasen sind Einzelgänger – im Gegensatz zum Gesellschaftstier Kaninchen. Das Hasenfell ist rötlichbraun, und in seiner gescharrten Erdmulde, der Sasse, ist er vom Ackerboden kaum zu unterscheiden.
Hasen und Kaninchen sind übrigens zwei verschiedene Arten. Kreuzungen zwischen den beiden sind nicht möglich. Es gibt zum Beispiel Kreuzungen zwischen Haus- und Wildschwein, aber niemals zwischen Hase und Kaninchen und auch niemals zwischen Reh- und Rotwild.
Ob in einem Getreidefeld Hasen leben, ist am Hasen- oder Hexensteig zu erkennen. Das sind Pässe, die der Hase durch die Reihen schneidet, damit er bequem und trocken in seinem Revier herumhoppeln kann. Der Hase verrät sich natürlich auch durch seine typische Spur: Er setzt grundsätzlich die langen Hinterläufe *vor* die Vorderläufe. Auch das Kaninchen tritt, wie der Hase, zuerst mit den schwächeren Vorderläufen auf, dann macht das Tier einen Buckel und überholt sich selbst mit den starken Hinterläufen. Das ist der »Hasensprung«.
Läufe und Löffel sind die zwei Merkmale, die den Hasen auf den ersten Blick vom Kaninchen unterscheiden lassen. Die Löffel des Hasen sind länger, genauso groß wie sein Kopf! Und die Läufe des Hasen sind auch länger als die des Kaninchens.
Als »Hasenfuß« wird beschimpft, wer feige ist. Der Hase selbst aber ist nicht feige. Er ist lebenstüchtig, und keine Minute läßt seine Wachsamkeit nach. Er ist nicht aggressiv. Er wird von vielen Tieren gejagt, aber es gibt kein Tier, das er jagt:

»Menschen, Hunde, Wölfe, Lüchse,
Katzen, Marder, Wiesel, Füchse,
Adler, Uhu, Raben, Krähen,
Jeder Habicht, den wir sehen,
Elstern auch nicht zu vergessen,
Alles, alles will ihn fressen.«

Das wilde Wildkaninchen

Das Wildkaninchen hat normalerweise keine so großen Probleme wie eine Hasenmutter, seine Jungen über das Jahr zu bringen. Einmal liegen sie geschützt in einem Bau und nicht – wie die Feldhäschen – nur in einer Erdmulde, und zum anderen wirft ein Kaninchen rund vierzig Junge im Jahr. Die Kaninchenhäsin setzt sechs- oder auch siebenmal in einem Jahr, die Tragzeit dauert vier Wochen, und ein Wurf hat vier bis acht Junge.
Kaninchen leben in Erdbauen. Für den Wurf gräbt die Kaninchenhäsin abseits vom Hauptbau eine Setzröhre, in der die nackt und blind auf die Welt kommenden Jungkaninchen einigermaßen ungestört aufwachsen können. Ihren Nestplatz, den Kessel, hat die Mutter warm und weich ausgepolstert – mit trockenem Gras und Hasenwolle, die sie sich aus Brust und Bauch rupft. Wenn sie die Röhre verläßt, wird der Bau »abgeschlossen«. Mit Laub und Zweigen verstopft sie den Gang, und zur Tarnung scharrt sie umliegendes Erdreich darüber.
Hört die Kaninchenhäsin allerdings einen pfeifenden Ton – dann verschwindet sie sofort wieder in der Röhre. Durch Pfeifen warnen sich die Kaninchen gegenseitig. Es ist das Zeichen höchster Not. Auch angeschossene Kaninchen stoßen diesen Pfeifton aus. Außerdem warnen sie ihre Kollegen, indem sie mit den Hinterläufen auf den Boden klopfen.
Im Jahr 1979 sah es bei der Kaninchenstrecke übrigens noch trauriger aus als bei der Hasenstrecke: Es wa-

Kaninchen dürfen das ganze Jahr über bejagt werden, mit Ausnahme der Setzzeit natürlich. Eine Kaninchenhäsin hat vierzig Junge im Jahr.

ren eine halbe Million Kaninchen weniger als im Vorjahr. Seit 1973 betrug die Jahresstrecke immer weit über eine Million. 1978 wurden zum Beispiel 1.592.841 Kaninchen erlegt.

Am großen Schwund soll hauptsächlich die Myxomatose schuld sein. Die Myxomatose ist eine lebensgefährliche Viruskrankheit, von der Wildkaninchen und auch Stallkaninchen, selten aber Hasen, befallen werden. Die Myxomatose verbreitet sich seuchenartig. Sie wird durch die Kaninchen selbst und durch Fliegen, Mücken und den Kaninchenfloh übertragen. Das Virus ist so hartnäckig, daß es sich im Kaninchenbau sogar drei bis vier Monate halten und infizieren kann.

An Myxomatose erkrankte Kaninchen erkennt der Jäger sofort am geschwollenen und entzündeten Auge. Nach zwei Tagen bilden sich dicke Knoten am Löffelansatz, die sich dann über die Löffel und das Geäse verbreiten. Nach sieben Tagen stirbt das Kaninchen. Es hat dann einen unförmig geschwollenen Kopf, einen »Löwenkopf«, und außerdem geschwollene Geschlechtsteile.

Wildkaninchen sind halb so groß wie Hasen, unberechenbar in ihrer Fluchtrichtung und auch im Tempo. Der Jäger muß in jedem Fall ein Könner mit seiner Schrotflinte sein. Gerade weil das Tier so klein und flink ist, verlangt es eine gute Hand und ein ausgezeichnetes Reaktionsvermögen.

Könnte sich das Wildkaninchen frei vermehren, gäbe es bald eine Kaninchenplage, die der Landwirtschaft enormen Schaden zufügen würde. Der Jäger im Niederwildrevier hat die Verantwortung für die artgerechte Bejagung: Nach einem trockenen Sommer und Herbst gibt es viele Kaninchen. Vorpaß und Drückjagd in kleinen Treiben bringen das beliebte Wildbret. Hat der Jäger an Myxomatose erkrankte Tiere gefunden, muß er die anderen Kaninchen scharf bejagen, um weitere Infizierungen zu erschweren.

Die Rabenvögel

Die Elster hat sich einen Fleischbrocken geholt. Sie ist kleiner als die Krähe und hat ein besonders schönes, schwarzweißes Gefieder.

Die schwarzweiße Elster stiehlt, die Rabenkrähe und Schwester Nebelkrähe töten Junghasen, die Saatkrähe ruiniert den Landwirt, der Rabe holt das Kitz und der Eichelhäher die Singvogeleier.
Die Rabenvogelfamilie hat einen schlechten Ruf. Doch sie sind auch nur Vögel, die leben wollen. Und – Rabenvögel sind Singvögel . . .

»Schack-schack-schack« ruft die Elster und zerhackt die Fasaneneier. Sie plündert die Nester der bodenbrütenden Vögel. Wie die anderen Gelegeräuber, die Rabenkrähe, die Nebelkrähe und der Eichelhäher, gehört sie zum »Raubzeug«. In die feinfühlige Jägersprache paßt diese Bezeichnung eigentlich nicht – denn keine andere Tierart wird zum »Zeug« degradiert.
Vielleicht aber kommt in dieser Bezeichnung ein alter Zorn der Jäger zum Ausdruck: Wo die Rabenvögel auftauchen, fallen sie oft in Schwärmen ein, weil sie in Kolonien leben. In der Nähe eines Niederwildreviers können sie zur akuten Gefahr werden, auf jeden Fall wird dann die gezielte Hege empfindlich gestört, denn die listigen Vögel sind nur schwer zu bejagen.
Elstern meiden den Wald und offenes Gelände. Sie leben in parkähnlicher Landschaft. Die Elster ist zierlicher als die Krähe und hat einen langen, gestuften Stoß. Ihr Gelege besteht aus sechs bis zehn Eiern und – die Plünderin wird wohl wissen warum – ihr Nest ist geschlossen. Sie trägt Federn, Moos, Haare, Heuhalme zusammen, verklebt das alles mit Lehm und dichtet damit ihr Nest ab. Nur zum Ein- und Ausfliegen läßt sie ein Loch.
Der elegante schwarzweiße Vogel ist nicht geschützt, muß bejagt, darf aber nicht ausgerottet werden.

Die Krähen und die Dohle

Die Raben- und die Nebelkrähe sind zwei Rassen einer Art. Beide sind Aaskrähen, unterscheiden sich aber äußerlich: Die Rabenkrähe ist schwarz, die Nebelkrähe an Ober- und Unterseite grau. Sie leben geographisch getrennt: im Norden die Nebelkrähe, im Süden die Rabenkrähe.
Die lebenstüchtigen Krähen rauben, was ihnen unter die Klauen kommt: Jungvögel, Jungkaninchen und -hasen. Wo die Krähen auftauchen, muß sich der Jäger nachhaltig bemühen, die Vogelart in Grenzen zu halten. Es nützt nichts, in großen Zeitabständen auf Krähenjagd zu gehen. Wo sich die Krähen einmal niedergelassen haben, hilft nur eine konstante Bejagung den Bestand zu verringern. (Junge Krähen sollen übrigens eine Köstlichkeit sein. Sie werden nicht gerupft, sondern abgebalgt.) Gifteier auszulegen ist keine Lösung.
Die Saatkrähe ist zwar schwarz wie die Rabenkrähe, aber darüber hinaus nicht mit ihr verwandt. Sie raubt auch keine Eier – oder nur gelegentlich in bestimmten Gegenden – und keinesfalls in gefährlichen Ausmaßen. Doch

Die schwarze Rabenkrähe lebt im Süden, mischt sich aber mit ihrer Artgenossin, der Nebelkrähe aus dem Norden, und zwar in einer Art Kontaktzone, die ungefähr fünfzig Kilometer breit ist.

der Landwirt empfindet sie als Plage. Sie lebt in Kolonien, und eine Saatkrähenkolonie kann bis zu eintausend Horste groß sein. Wenn sich täglich ein paar tausend Krähen mehrmals auf den Feldern niederlassen, um die frischkeimende Saat zu picken, kann das den Ruin des Landwirts bedeuten. Wo sie aber in bescheideneren Kolonien lebt, kann sie durchaus sein Wohlwollen erringen: Die Saatkrähe ist auch ein bedeutender Insekten- und Larvenvertilger.

Die Dohle ist der kleinste Rabenvogel und hat für die Jagd keine Bedeutung. Sie lebt in Höhlen, in der Nähe von Dörfern und Siedlungen. Alte Türme und Kirchen sind beliebte Nistplätze. Von dort aus ertönt dann ihr helles Gjack-gjack! An ihrem zarten Schnabel und der grauen Partie im Nacken ist sie gut von der Rabenkrähe zu unterscheiden.

Klong-klong. Der Rabe ist da

Der mächtige schwarze Kolkrabe sieht wirklich nicht aus wie ein Singvogel, aber er ist es. Sein tiefes melodisches Klong-klong macht ihm zum Bariton unter seinen Sängerkollegen. Der Rabe kann sprechen lernen und gibt – je nach Hörerlebnissen, die er gemacht hat – erkennbare Worte von sich.

Der tiefschwarz glänzende Kolkrabe ist groß wie ein Mäusebussard, liebt die offene Landschaft und übersegelt sie mit einer Flügelspannweite von hundertzwanzig Zentimetern.

Bei den Jägern hatte er einst einen schlechten Ruf, und es hätte nicht viel gefehlt, dann wäre der Rabe ausgerottet worden. In Schleswig-Holstein, in der Lüneburger Heide und in den Alpen haben ein paar Rabeneltern überlebt. Die Vögel mit dem klotzigen, gekrümmten Schnabel sind nun streng geschont und dürfen sich wieder verbreiten.

Heute wird der Rabe vom Jäger – dort, wo er lebt – »miteinkalkuliert«, auch als sicherer Auffinder von Fallwild. Er ist der Gesundheitspolizist – wie damals, als im Mittelalter noch Henker unter freiem Himmel richteten und der Rabe als natürlicher Totengräber fungierte. Seitdem hat der Rabe den Beinamen »Galgenvogel«.

Einen Raben sieht man selten allein. Sie fliegen paarweise – ehepaarweise. Raben leben nämlich in Dauerehe. Und sie können ziemlich alt werden, mindestens zwanzig Jahre. Manche behaupten, sie könnten sogar so alt wie Menschen werden.

Das Zuhause eines Rabenpaares wird jedes Jahr wieder benutzt – Raben horsten im Februar und März. Fünf bis sechs kleine, nackte, blinde und frierende Rabenkinder schlüpfen aus den Eiern. Rabenkinder sind Nesthocker, und frischgeschlüpfte sind noch so unreif, daß sie sich kaum bewegen können. Sie können nur eins: »sperren«, das heißt den Schnabel aufreißen und bettelnd warten, bis etwas hineingestopft wird.

Beide Rabeneltern kümmern sich um die Futterbeschaffung und ums Füttern und zwar in rührender, pflichtbewußter Weise. Es ist eine Mär, daß Rabeneltern Rabeneltern sind. Und über aller Familienfürsorge vergißt der Rabenvater nicht, was die Rabenmutter so gern mag: im Nacken und am Hals mit dem Schnabel gekrault werden.

Der Rabe ist Aasfresser. Er holt sich aber auch Vögel und Kleinsäugetiere. Daneben nimmt er auch noch Pflanzen und Obst.

Der Eichelhäher

Die Tiere des Waldes wissen sein Rätschen zu deuten. Rätsch-rätsch heißt, Gefahr ist im Verzug. Mit diesem Laut kündigt der Eichelhäher den Fuchs, die Sau oder auch den Jäger an. Schwerfällig fliegt er dann von Baum zu Baum – immer in der Nähe der Gefahr. Er kann ächzen, und er kann »miauen« wie ein Bussard. Er ist scheu und recht auffällig im Gefieder: am Körper graurötlich mit einem hellblau gemusterten Flügelspiegel. Sein schönes Gefieder hat ihm die Bezeichnung »Papagei des deutschen Waldes« eingebracht. Der Eichelhäher lebt im Wald oder auch in parkähnlicher Landschaft. Im Baumgeäst ist er flink und hüpft geschickt von oben nach unten.

Der Eichelhäher hat gleichermaßen Freunde und Feinde. Singvogelfreunde jagen ihn, weil er die Nester kleiner Vögel ausraubt, der Wanderer durch den Wald freut sich über ihn, weil er einen Begleiter hat, und der Forstmann weiß ihn als Gehilfen zu schätzen: Der Eichelhäher »versteckt« die Samen von Eiche, Buche und Haselstrauch, die er natürlich nicht wieder findet und frißt, so daß sie keimen und wachsen. Diese »Anbauweise« betreibt der Eichelhäher sehr eifrig.

Eichelhäherfamilien können recht groß sein: Gelege mit zehn Eiern sind nicht selten. Sie nisten in mittelhohen Baumkronen, und die kleinen Eichelhäher bleiben bis zum Winter bei ihren Eltern.

Eichelhäher sind weit verbreitet – von der Küste bis zu den Alpen – und nicht geschützt.

Wohin damit? Wenn der Eichelhäher satt ist, versteckt er die Kerne in der Erde.

Die Wildtauben

Es gab einmal eine seltene Taube. Sie lebte im Wald und in der freien Landschaft. Garten- und Feldfrüchte dienten ihr als Nahrung. Und weil sie so groß war – größer als die Haustaube – landete sie gelegentlich in der Pfanne, ungefähr ein Pfund schwer. Das war die Ringeltaube.

Die einst scheue, seltene Ringeltaube gibt es heute in Scharen. Sie hat sich der Landschaftszersiedelung angepaßt. Der vitale Vogel lebt auch in den Vorstädten und manchmal so zahlreich, daß er zur Plage wird. Zwei bis dreimal im Jahr brütet die Ringeltaube zwei Eier aus.

Wenn die Taubenscharen im Herbst die Getreide- und Kornfelder »ernten«, richten sie großen Schaden an. Das ist der Zeitpunkt, wo der Jäger am besten zur Flinte greift. Im Jagdjahr 1978/79 wurden achthundertzwanzigtausend Ringeltauben erlegt.

Vor vierzig Jahren gerieten die Vogelkundler aus dem Häuschen. Ein neuer Vogel war da. Die Türkentaube. Nach dem Krieg kam sie aus dem Balkan zu uns und vermehrte sich wie die Fernsehantennen, auf denen sie sich niederläßt. Die Türkentaube vermehrte sich so stark, daß für Turtel- und Hohltaube kein Platz mehr blieb.

Das monotone »dudududu« der Einwanderin geht den Leuten auf die Nerven, und als Wildbret ist sie auch nicht gefragt. Das Tier hat auch nur zwei Monate Schonzeit.

Hohltaube und Turteltaube sind ganzjährig geschont. Beide Arten sind selten geworden.

Die Ringeltaube – unverkennbar durch den weißen Ring um den Hals – ist die größte Wildtaube.

Abendansitz. Der Jäger lauscht aufs Klingeln und wartet, ob die Enten einfallen.

Das Stockentenpaar – die Ente und der prächtige Erpel. Die Ente muß die Brut schützen, sie kann sich kein auffälliges Gefieder leisten.

Die Wildenten

Um alle Wildenten sicher ansprechen zu können, muß der Jäger gelegentlich schon sein ornithologisches Bestimmungsbuch aus dem Regal ziehen. Er kennt die Stockente, auch den Erpel, in jedem Jahreskleid, aber wie soll er seine Kenntnisse auffrischen oder auf dem laufenden halten, wenn er Spieß-, Krick-, Pfeif-, Schnatter-, Knäk-, Löffel- und Brandente selten oder überhaupt nicht zu Gesicht bekommt?

Das sind nur die bekanntesten Schwimmenten. Dann gibt es noch die Tauchenten: Tafel-, Schell-, Samt-, Reiher-, Trauer-, Moor-, Eis-, Berg-, Eider- und Kolbenente. Einige Arten dürfen nicht mehr bejagt werden. Es ist daher unbedingt notwendig, sich die einzelnen Enten genau einzuprägen, was ab Juni besonders schwierig zu werden beginnt, denn dann verlieren die meisten Erpel ihr markantes Prachtkleid. Wer mit seinem Bestimmungsbüchlein auf Entenjagd geht, ist kein Anfänger, sondern ein Jäger, der weiß, wieviel Überraschendes und Unbekanntes er in der Vogelwelt erleben kann.

Wasserwild hat es bei uns nicht leicht. Viele Feuchtgebiete sind zerstört, vielen Wildentenarten ist dadurch der Lebensraum genommen worden. Eine Ente hat sich aber überall verbreitet: Auf dem Parksee, auf dem Dorfteich, auf dem Weiher, an Fluß und Bach. Es ist die größte heimische Gründelentenart, die Stockente. Schwimmenten, wie die Stockente, gründeln: Sie suchen Nahrung unter Wasser. Dabei stecken sie den Kopf ins Wasser und den Stoß in die Höhe. Im Gegensatz zu den Tauchenten taucht die Stockente nur bei Gefahr.

Im Spätherbst beginnt die Zeit der »Verlobung«. Die richtige Paarungszeit, die Reihzeit, ist jedoch erst im Februar. Da die männlichen Enten, die Erpel, überwiegen, werden die weiblichen von mehreren, meistens von zwei Erpeln gleichzeitig, verfolgt.

Nach der Reihzeit, zu Beginn der Brutzeit, verläßt der Erpel seine Frau. Zunächst suchen sie aber gemeinsam den Nistplatz. Dazu überfliegen sie zusammen die nächste Umgebung. Der Nistplatz muß nicht unbedingt am Wasser, er kann auch im Ufergestrüpp sein, im Schilf oder zwischen den Stockausschlägen abgesägter Weiden (daher hat die Stockente ihren Namen). Ein Nistplatz kann sich aber auch im Krähenhorst auf dem Baum finden oder unter Sträuchern am Waldboden. Ihr Nest legt die Stockente mit Schilf, Grashalmen, kleinen Ästen aus, und mit ausgerupften Brustdaunen wird es dann weich gepolstert.

Auf ihrem Gelege – das acht bis fünfzehn Eier haben kann – brütet die Stockente dann achtundzwanzig bis zweiunddreißig Tage. Bis das letzte Küken ausgeschlüpft ist, sind die ersten schon einige Stunden alt – und bereit, in die Welt hinauszumarschieren (oder auch vom Baum herunterzuklettern bzw. zu purzeln). Die Alte geht dann los, ein Küken nach dem anderen folgt ihr, und sofort springt die Ente ins Wasser, die Kinder hinterher. In ihr Nest kehren sie nie wieder zurück. Enten sind Nestflüchter und können sofort schwimmen.

Die kleinen Schnäbel schnappen nach den vielen tausend Mücken, die über der Wasseroberfläche tanzen: ihre erste Nahrung.

Am Tag schwimmen die Enten auf dem Wasser, gelegentlich ruhen sie auch am Ufer. Nachts gehen sie auf Schnecken-, Käfer- und Würmerjagd, und pausenlos zupfen sie Grashalmspitzen. Mit der Zeit schließt sich der Entenschof (ein Schof ist eine Familie) anderen Schofen an, und mit acht Wochen sind die Kleinen beflogen.

Wird die brütende Stockente von einem nichtsahnenden Spaziergänger von ihren Eiern gescheucht, kehrt sie nicht mehr zum Gelege zurück. Sie legt dann später ein neues, kleineres Nest an.

Im Juni wird der Erpel durch die Mauser ungefähr vier Wochen flugunfähig. Er verliert sein Prachtkleid und be-

Flugwild muß auf den Schwingen sein, wenn es beschossen wird. Der Hund macht die Wasserarbeit.

kommt das Ruhekleid. Etwas später folgt die Ente.

Die Stockente ist übrigens die größte aller Schwimmenten und die Stammform unserer Hausente. Eine Kreuzung zwischen Stock- und Hausente ist die bekannte Hochbrutflugente, eine halbwilde Flugente, die schon auf kleinsten Tümpeln genügend Lebensraum findet, wenn es ein paar Felder und Wiesen rundherum gibt.

Schwimmenten sind von Tauchenten an der Körperform und auch am Verhalten gut zu unterscheiden. Der Hals der Schwimmente ist länger, und ihr Körper hat eine mehr gestreckte Form; der Stoß wird schräg nach oben getragen. Der große Schwimmvogel fliegt praktisch ohne Anlauf – direkt aus dem Wasser – in die Luft und gewinnt auch gleich an Höhe.

Die Tauchenten sind gedrungener in der Form, sie haben einen kürzeren Hals und liegen tiefer im Wasser. Außerdem brauchen sie unbedingt eine größere Wasserbahn als die Schwimmente: Beim »Abheben« müssen die Tauchenten erst ein Stück auf dem Wasser plitschend laufen, streichen dann ganz flach ab und gewinnen erst allmählich an Höhe. Das heißt, die Tauchenten können nicht ohne »Startbahn« in die Luft gehen.

Die Tauchente geht auch nicht nachts auf Felder und Wiesen zum Weiden; sie bleibt auf dem Wasser und taucht nach Nahrung: nach Wasserpflanzen und kleinem Wassergetier.

Es gibt einen Merksatz, beide Arten auf Anhieb voneinander zu unterscheiden: Schwimmenten ähneln einem schwimmenden Boot, Tauchenten ähneln einem gekenterten Boot.

Die Wildgänse

Gänse weiden am Tag und liegen nachts auf dem Wasser. So jedenfalls haben sie es seit Adams Zeiten getan. Aber ihrer natürlichen Verhaltensweise können die Gänse heute nicht mehr entsprechen: Ihre Welt ist zu unruhig geworden. An vielen Plätzen bleibt ihnen nichts anderes übrig, als es mit den Enten zu halten und nachts auf die Weide zu gehen.

Wo Wildgänse tagsüber auf der Weide Kräuter und Pflanzen rupfen können, ist ihre Welt noch (oder schon wieder) in Ordnung. Jäger und auch Naturschützer sind gleichermaßen daran interessiert, dem Wasserwild wieder annehmbare Lebensräume zu schaffen. Das ist nicht einfach: Feuchtgebiete sind wirtschaftlich nicht ertragreich und auch nicht als Erholungszentren geeignet. Ein Motorboot genügt, um die gesamte Gänseschar zu vertreiben.
Bei den Gänsen tragen Gans und Ganter das gleiche Federkleid. Die größte der Feldgänse ist auch die einzige Wildgans, die bei uns nicht nur als Durchzügler lebt. Es ist die Graugans, die in Schleswig-Holstein brütet. Die schöne graue Gans – sie ist übrigens die Stammutter unserer Hausgans – verlobt sich im Herbst und paart sich im zeitigen Frühjahr. Graugänse sind Landgänse, als Brutgebiet brauchen sie aber Seen und Sümpfe, und wo sie brüten, muß auch genügend Weideland angrenzen.

Die Graugans ist die größte heimische Wildgans und die Urform unserer Hausgans. Gans und Ganter führen lebenslange »Ehen«. Wildgänse können vierzig Jahre alt werden. Stirbt ein Partner, bleibt der andere allein.

Sie machen Zwischenstation

Der häufigste Gast bei uns ist die Saatgans. Ihr Gefieder ist dunkler als das der Graugans und bräunlich. Sie brütet in der Arktis und überwintert dann an Binnengewässern.
Die Kurzschnabelgans sieht der Saatgans ähnlich, ist aber kleiner. Ihr Schnabel ist kurz, rot und schwarz gefärbt. Sie überwintert im Nordseeraum. Die Bläßgans hat eine weiße Stirn, eine Blesse, die vom Schnabelansatz nach oben verläuft. Sie gastiert im Winter an der Nordsee und auch an der Ostsee.
Zu dieser Wildgansgruppe gehört noch die Zwerggans. Sie ist die kleinste Gans, kleiner als eine Stockente. Sie überfliegt uns nur auf ihrem Weg in das südliche Europa, wo sie den Winter verbringt.
Zu den Meeresgänsen gehören die Weißwangen-, Ringel- und Kanadagänse. Alle drei Arten lassen sich an unseren Küsten nieder. Diese Meeresgänse haben Zähne nur am Unterschnabel, im Gegensatz zu den Feldgänsen, die Zähne an Ober- und Unterschnabel haben. Kinder mußten das manchmal schon spüren, wenn sie sich im Park zu nahe an einen Gänseschof gewagt hatten.

Die weißen Schwäne

Seit dem 1. September 1977 können die Jäger überprüfen, ob an dem altertümlichen Glauben, daß sterbende Schwäne so wunderbar singen können, wirklich etwas dran ist. Seit diesem Tag nämlich dürfen in der Bundesrepublik Deutschland Höckerschwäne gejagt werden. Nur Nordrhein-Westfalen und Rheinland-Pfalz machen da nicht mit, bei ihnen sind sie nach wie vor ganzjährig geschont. In Baden-Württemberg und Schleswig-Holstein darf der Höckerschwan nur im September (und nicht wie in den anderen Ländern von September bis Mitte Januar) gejagt werden.

Es gibt wieder zu viele Höckerschwäne, sagen die einen. Es gibt nicht zu viele, sagen die anderen. Die einen sind die Jäger, und die anderen sind die Ornithologen. Natürlich sind die Ornithologen immer grundsätzlich gegen das Schießen, weil sie meinen, daß dadurch ihnen etwas weggenommen würde. Aber – der Jäger hat sein Tierreich im Auge, und in den letzten Jahren hat er gelegentlich festgestellt, daß der große weiße Vogel, der keine natürlichen Feinde mehr hat, kleinere Vogelarten vom Wasser vertreibt.

Die Vogelschützer haben Bedenken angemeldet: Immer wieder komme es vor, daß die unter Naturschutz stehenden Zugvögel – die Singschwäne und Zwergschwäne – beschossen würden, und die jeweiligen Schützen gäben immer wieder vor, auf erlaubter Gänsejagd gewesen zu sein. Man fürchtet nun nach der Abschußerlaubnis noch stärker tödliche Verwechslungsgefahren für die seltenen Sing- und Zwergschwäne.

Das Argument ist sicher stichhaltig, denn es ist nicht einfach, in freier Wildbahn, in großer Entfernung und dann noch im Flug – also in Bewegung – ein Wildtier genau anzusprechen. Dazu ist ein gutes Auge, viel Erfahrung und, für den Abschuß, sicher ein Könner notwendig.

Der Höckerschwan – er hat einen schwarzen Höcker auf dem orangeroten Schnabel – ist, auf dem Wasser schwimmend, wohl von jedermann leicht anzusprechen. Er hat einen schön geschwungenen Hals, und sein Schnabel zeigt leicht nach unten. Singschwan und Zwergschwan sind wesentlich kleiner als der Höckerschwan, und auf dem Wasser halten sie ihre Hälse gerade nach oben gestreckt.

Der Singschwan kommt aus Island und dem nördlichen Europa, der Zwergschwan brütet im nördlichsten Asien, und beide Arten sind bei uns selten gewordene Wintergäste. Im Sinne des internationalen Vogelschutzes ist es daher wichtig zu wissen, daß Schwan hier nicht gleich Schwan ist.

Das Problem, ob es nun wirklich zu viele Höckerschwäne gibt oder nicht, hängt von der Populationsdichte und dem Biotop ab – und natürlich auch von der genauen Beobachtung, wieviel Wasserwild in welcher Zeit durch die Zunahme der Wildschwäne verdrängt worden ist. Ob eine Tierart überhandnimmt, kann man erst nach vielen Jahren gut beurteilen.

Eines ist aber sicher: Der Jäger macht sich unbeliebt, wenn er in öffentlichen Parks – und da sind die meisten Schwäne – auf den weißen Vogel anlegt. Kein Spaziergänger und keine Oma, die das Tierchen gerade füttern wollte, werden Verständnis für den notwendigen Abschuß zeigen, und für den Jäger ist es unmöglich, vor jedem Abschuß den Parkbesuchern zuerst die Notwendigkeit zu erklären. Dann entsteht eine hitzige Diskussion – aber kein Schuß fällt. Es ist besser, im Frühjahr das Gelege zwischen den Uferpflanzen zu suchen und einen Teil der grüngrauen Eier zu vernichten. Zwei bis drei Eier genügen für den Nachwuchs. Vorausgesetzt natürlich, der Wasserwildrevier-Inhaber konnte sich davon überzeugen, daß seine Schwäne andere Wasservögel tatsächlich verdrängt haben.

Die Jäger kaufen sumpfige Wiesen, auf Brachland legen sie Teiche an. In den letzten Jahren wurden viele – auch in Zusammenarbeit mit den Naturschützern – Feuchtgebiete gerettet, bewahrt und neu angelegt.

Schwäne werden so alt wie die Menschen. Es soll Hundertjährige geben. Die Höckerschwäne haben sich in den letzten Jahren so stark vermehrt, daß die Jäger um den Bestand anderer Arten fürchten müssen.

Die Saatgänse landen. Ihr Brutgebiet liegt in der Arktis – ihr Winterquartier auch bei uns.

Vögel ohne Grenzen

Der Jäger standorttreuen Wildes hat eine neue Aufgabe: Er hat die Verantwortung für bewußten Naturschutz. Er setzt sich dafür ein, daß nicht zu viele Tiere erlegt werden, damit der Bestand nicht schrumpft oder gar gefährdet wird. Er kämpft um verbesserte Fortpflanzungsbedingungen und setzt Zuchttiere aus. Die Auswirkungen solcher Erhaltungsmaßnahmen sind in manchen Fällen schnell zu spüren, und der Jäger freut sich über den lebendigen Lohn seiner Arbeit.

Die migrierenden (wandernden) Wildtiere, vor allem die Wasservögel – Enten, Gänse und Stelzenläufer –, machen es jedoch dem Jäger sehr schwer, überhaupt einen Überblick zu gewinnen, wo und wann und wie viele dieser Vogelarten nisten, leben oder Zwischenstation machen. Weit über die nordische Tundra verstreut, nisten diese Vögel im allgemeinen in großer Entfernung von den Stellen, an denen sie bei uns gejagt werden. Die Brutstätten einiger Arten sind erst in diesem Jahrhundert entdeckt worden, und erst vor kurzer Zeit ist es gelungen, die Vögel an ihren Brutstätten zu beringen und ihre verschiedenartigen Wege zu erkunden.

So beschreibt die Ringelgans, um zu den britischen Inseln zu gelangen, ausgehend von der Melville-Insel, von Kanada oder von der Halbinsel Taimyr in Rußland, einen Bogen von 215 Grad arktischer Länge. Die Weißwangengänse überwintern in den Niederlanden, kommen jedoch aus der Region Novaya Zemblya in der Sowjetunion. Die in Schottland lebenden Vertreter dieser Spezies stammen aus Grönland und Spitzbergen. Die Knäkente überwintert im Senegal und brütet ihre Eier hauptsächlich im zentralen Raum der Sowjetunion aus.

Noch ein Beispiel für die Internationalität der Vögel: In England beringte Kampfläufer wurden in Wladiwostok wieder gefunden. Vögel kümmern sich nicht um Grenzen. Es kann also auch kein Jäger in Deutschland allein für die Erhaltung einer Vogelart sorgen. Um das Überleben dieser Arten sicherzustellen, bedarf es der internationalen Zusammenarbeit, wie sie in zahlreichen Übereinkommen vereinbart wurde.

Die Rettung der Feuchtgebiete

Ein Beispiel bietet das »Internationale Übereinkommen über die Erhaltung der migrierenden Wildarten«, das unter der Schirmherrschaft der Internationalen Union zur Erhaltung der Natur und der natürlichen Hilfsquellen (IUCN) und der Regierung der Bundesrepublik ausgearbeitet wurde. Weitere Beispiele sind die Richtlinien der Europäischen Gemeinschaften über den Schutz der Wildvögel und das Übereinkommen des Europarats über die Erhaltung der wildlebenden Tiere und der natürlichen Lebensräume.
Noch etwas: Wasservögel versammeln sich im Winter in Schwärmen nur an wenigen Stellen, und zwar aus dem einfachen Grund, weil ihnen nur noch wenige Feuchtgebiete übriggeblieben sind. Viele Sumpfgebiete sind zerstört oder beeinträchtigt worden. So kann man den Eindruck gewinnen, daß die Wildvögel in manchen Regionen noch ebenso zahlreich sind wie früher oder sich sogar vermehrt haben. Wer hat schon die Möglichkeit, sich davon zu überzeugen, daß eine reiche Vielfalt von Vögeln auf einigen Dutzend Hektar in Südeuropa das Produkt von Zehntausenden Hektar west- oder ostwärts gelegener Brutgebiete sind? Wie soll da ein einzelner Jäger erkennen, wann besondere Schutzmaßnahmen notwendig sind?
Die Rettung der noch verbleibenden Feuchtgebiete ist nun das Ziel eines weiteren internationalen Abkommens. Es ist das »Übereinkommen über die Feuchtgebiete von internationaler Bedeutung, insbesondere als Lebensraum für Wasser- und Watvögel«. Nach der kleinen kaspischen Stadt wird es auch das »Übereinkommen von Ramsar« genannt. Alle Mitgliedstaaten des Europarats, die bedeutende Feuchtgebiete besitzen, sind an diesem Übereinkommen beteiligt, mit Ausnahme Frankreichs, Spaniens und der Türkei.
Viele moderne Jäger sind schon zu aktiven Naturschützern geworden. Sie wissen, wie man das natürliche Gleichgewicht zum Teil wiederherstellen kann. Sie legen künstliche Feuchtgebiete wie Stauseen und Kiesgruben an.
Wenn stabile Populationen erhalten bleiben sollen, kann nur erlegt werden, was über das zur Ersetzung der natürlichen Verluste erforderliche Minimum hinausgeht. Eine genaue Feststellung des Umfangs einer Population, ihrer natürlichen Sterblichkeitsrate sowie ihrer Reproduktions- und Erneuerungsrate ist bei manchen Arten nicht einfach – von den Zugvögeln ganz zu schweigen.

Was die Augenstruktur der Wildvögel beweist

Da sich die Vögel im Winter zusammenscharen, ist es zu diesem Zeitpunkt möglich, sie zahlenmäßig zu erfassen. Regelmäßige Angaben, die von rund fünfzehntausend Berechnungspunkten geliefert werden, ermöglichen uns jetzt eine annähernde Vorstellung von der Größe der Population Mitte Januar. Zu diesem Zeitpunkt hat die Wanderbewegung nämlich ihren niedrigsten Punkt erreicht.
Wildvögel sind leicht zu verscheuchen. Störungen können viel folgenreicher sein, als der Abschuß einiger Vögel, die ohnehin den Winter nicht überleben würden.
Da die Feuchtgebiete und damit die Lebensräume immer weniger werden, ist es notwendig, daß die Vögel Zonen finden, in denen sie sich ungestört niederlassen können. Wildvögel brauchen Zeit bei der Futtersuche, um ihre durch den Flug verbrauchten Kräfte wiederzugewinnen. Die Augenstruktur der Wildvögel beweist, daß sie Tagvögel sind. Durch die vielen Störungen am Tage haben sie sich jedoch eine andere Verhaltensweise angewöhnt. Sie gehen bei Nacht auf Futtersuche. Glücklicherweise hat man eingesehen, daß es notwendig ist, ihnen zahlreiche ungestörte Unterschlupfe zu bieten. Die Jäger sparen in ihren Jagdrevieren Ruhezonen für die Vögel aus und ergänzen dadurch ihre Zufluchtstätten.
Und in manchen Gegenden haben sich Jäger mit Naturschützern zusammengetan, um Brachflächen zu pachten und zu bewässern, bevor sie vielleicht ein Modellflugzeugverein als »Fluggelände« mißbraucht, um damit dann die ganze umliegende Vogelwelt zu verscheuchen und von ihren sowieso schon raren Nistplätzen zu vertreiben.
So sind wir zu der Hoffnung berechtigt, daß die Wasser- und Watvögel, diese prächtigen Vertreter unserer Vogelwelt, auf unserem Kontinent doch noch überleben werden.

Es gibt ihn wieder, den seltenen Schwarzstorch. Eine beispielhafte Aktion in Niedersachsen hat das vom Aussterben bedrohte Tier gerettet.

Die Sumpf- und Wasservögel

Die einen werden verfolgt, die anderen sind geschont oder geschützt.
Die Möwen sind eine Plage, die Graureiher und Taucher sind ganzjährig geschont, und Teichhühner, Wasserrallen, Sumpfhühnchen, Kraniche, Kormorane, Wachtelkönige, Löffler, Rohrdommeln, Schnepfen, Triele, Störche und noch einige andere Wasservogelarten sind ganzjährig geschützt. Mit ihnen hat der Jäger nichts mehr zu tun, sie fallen nicht unter das Jagdrecht, sie sind durch Naturschutzgesetze geschützt.
Ganzjährig geschont heißt hingegen, daß diese Tiere unter das Jagdrecht fallen, aber mit der Jagd verschont werden.
Der World Wildlife Fund in Deutschland hat vor einigen Jahren Alarm geschlagen: Es gibt keine Schwarzstörche mehr. Der Aufruf wurde gehört, von Naturschützern, Forstleuten und Jägern! Gemeinsam haben sie in zeitraubenden und aufwendigen Aktionen Nahrungsteiche und Nistplätze angelegt. Das Niedersächsische Ministerium für Ernährung, Landwirtschaft und Forsten hat diese Aktionen unterstützt. 1976 konnten fünfzehn Schwarzstorcheltern in den Wäldern Niedersachsens zweiundvierzig Junge aufziehen und zum Ausfliegen bringen.
Eine Aktion Schwarzstorch zieht viele andere Tiere nach sich. Keine Wasserstelle wird nur von einer Tierart bevölkert. Sowie Wasser da ist, sind die Mücken da. Sind Mücken da, kommen die Vögel. Bald gibt es Libellen, Frösche, vielleicht sogar Salamander. Wo Wasser ist, ist Leben.

Kormorane sind groß wie Gänse, leben an Küsten und Flußmündungen. Der Schwimmvogel heißt auch »fliegendes Kreuz«, weil seine Flügel ausgebreitet ebenso lang sind wie sein Körper.

Der Weißstorch

Auch der gute alte Klapperstorch brauchte Hilfe. Seine Bestände nahmen rapide ab. Es waren immerhin noch fünfhundert Paare, die in Schleswig-Holstein brüteten, aber die Verluste waren groß. Man stellte fest, daß ein hoher Prozentsatz durch die Freileitungen der Elektrizitätswerke umkam.
Wenn sich ein Storch auf einem Strommast niederläßt und gleichzeitig mit den stromführenden Drähten in Berührung kommt, erleidet er einen tödlichen Schlag. Außerdem wird die Stromführung unterbrochen. Verhängnisvoll ist, daß Störche gern auf den hohen Strommasten ihre Nester errichten und mit zwanzigtausend Volt unter dem Gefieder lebensgefährlich brüten und Junge aufziehen.
All die Storchenfreunde und die Stromversorger haben sich in Schleswig-Holstein zusammengetan und auf etwa hundert Mastspitzen Podeste angebracht, die erhöhte Distanz zu den todbringenden Drähten bieten. Zusätzlich hat die Stromversorgungs-AG eine »Storchenschutzhaube« entwickelt, die verhindert, daß die Störche die Leitungen mit den Flügeln berühren können. Mit diesen Schutzhauben hat man hundertzwanzig Mittelspannungsmaste abgedeckt.

Die Möwen

Möwen sind gefräßig, tollkühne Flieger, zänkisch, rabiat und besonders angriffslustig, wenn es gilt, die Brut zu verteidigen.
Es gibt ungefähr ein Dutzend verschiedener Arten, bei uns leben fünf davon, und zwei Arten sind nur seltene Wintergäste.
Da ist einmal die Silbermöwe, die häufigste Art an unseren Küsten. Sie lebt – ebenso wie die Lachmöwe – auch an Seen und Flüssen im Binnenland. Die Lachmöwe hat einen dunkelbraunen Kopf und weißes Brustgefieder. Die Silbermöwe trägt silbergraues Gefieder und einen auffallend starken gelben Schnabel und rötliche Füße. Die Möwen mit den grünlichgelben Füßen sind Sturmmöwen.
Die beiden Möwenarten, die nur winters bei uns zu Gast sind, heißen Heringsmöwe und Mantelmöwe. Beide unterscheiden sich von den anderen Möwenarten durch ihren dunklen Rükken und die dunklen Flügel. Die Mantelmöwe wird fast so groß wie eine Gans.

Haubentaucher leben ausschließlich auf dem Wasser und bauen schwimmende Nester, die im Schilf verankert werden.

Die Schnepfenvögel

Es gibt nur noch eine Schnepfe, die nicht unter das Naturschutzgesetz fällt, sondern dem Jagdrecht unterliegt: die Waldschnepfe. Uferschnepfe, Bekassine, Doppelschnepfe, Zwergschnepfe und Großer Brachvogel sind bei uns ganzjährig geschützt.

Wenn die Schnepfe im Laub nach Larven, Würmern, Beeren und Pflanzenkeimen sticht, ist sie mit ihrer Tarnfarbe vom Laubwaldboden kaum zu unterscheiden. Ihr Gelege versteckt sie gern in einer Mulde zwischen Baumwurzeln, im Schutz des dicken Baumstammes. Meistens sind es vier Eier, die die Waldschnepfe allein ausbrütet. Beide Geschlechter sind äußerlich nicht voneinander zu unterscheiden.

Die Waldschnepfe lebt im Wald und braucht dort die feuchten Stellen. Zwischen kleinen Rinnsalen und sumpfigen Plätzen huscht sie flink auf ihren langen Ständern und sticht in dem weichen Boden nach Nahrung.

Diese kleine Schnepfe – sie ist etwas kleiner als ein Rebhuhn – hat eine berühmte Trophäe: eine kleine Feder am vorderen Flügelrand. Federn mehrerer Schnepfen werden zu einer Rosette zusammengebunden und links am Jägerhut getragen.

Über der Bürzeldrüse trägt sie noch einen »Schnepfenbart«. Das ist ein natürliches »Gesteck« aus haarartigen Federn. Dieser Schnepfenbart ist winzig, gerade einen Zentimeter groß. Diese kleine Feder wird »Malerfeder« genannt. Maler und Zeichner benutzten das Federchen früher für besonders feine Strichzeichnungen.

Im Jagdjahr 1978/79 gab es eine Strecke von 14.700 Waldschnepfen, viel weniger als in den Vorjahren (24.000, 20.000). In diesem Fall bedeutet das aber kein Alarmzeichen; zur Vorbeugung hat man die Jagdzeit beschränkt.

Halb so groß wie die Waldschnepfe ist die Bekassine. Sie sieht ihr sehr ähnlich, hat jedoch nicht die quergebänderten Kopfstreifen der Waldschnepfe, sondern längsgebänderte. Bekassinen gibt es nur in feuchten Wiesen und Sümpfen, und wenn der Winter mild ist, bleibt der Zugvogel auch bei uns.

Berühmt ist das »Meckern« der Bekassine. Wenn sich das Tierchen im Balzflug von oben nach unten stürzt, vibrieren die gespreizten Stoßfedern so, daß ein »Meckergeräusch« entsteht. Die Bekassine kommt von oben und meckert. Der Jäger nennt sie darum scherzhaft die Himmelsziege.

Ein großer Verwandter von ihr ist der Große Brachvogel. Er ist so groß wie ein Haushuhn. Der Brachvogel lebt in Mooren, sumpfigen Wiesen und in der Heide. Vogel »Tüt« oder auch Kronschnepfe genannt, ist ein munterer Küstenvogel, der Tag und Nacht sehr aufmerksam sein Revier bewacht. Bei der geringsten Störung singt er. Er hat eine wohltönende Stimme und spielt sein »Tütellütt« wie auf einer Flöte.

Die norddeutschen Bauern freuen sich über den Vogel mit dem langen gekrümmten Schnabel, den Frühlingsboten und Regenankünder.

Es gibt noch einen zweiten komischen Rufer unter den Schnepfenvögeln: die Uferschnepfe. Sie heißt Greta, das heißt, da wo sie lebt, an Flußufern und Binnenseen, wird sie so gerufen, denn im Flug ruft die hochbeinige Uferschnepfe mit der weißen Flügelbinde »Gritta-gritta«. Ihre Ständer sehen gefährlich zerbrechlich aus, und ihr Schnabel ist fast ebenso lang und gerade wie die dünnen Beine.

Gretas Bestand und der Bestand all ihrer Schnepfenverwandten ist derzeit nicht gefährdet und wird auch nicht gefährdet sein, wenn man sie weiterhin »im Trüben fischen« läßt.

Auch im Flug reichen die langen Ständer der Uferschnepfe weit über den Stoß hinaus. Der Körper der Uferschnepfe ist rund vierzig Zentimeter lang.

Ein Gelege der zierlichen Bekassine. Der Schnepfenvogel lebt in feuchten Wiesen und Sümpfen.

Fasan und Rebhuhn

Der Fasan läuft lieber in Deckung als daß er fliegt. Wald, Wiese, Weizen, Wurzeln, Wasser sind die fünf »W«, die ein Fasanenrevier braucht.

1974 war das letzte gute Fasanenjahr. 1,3 Millionen Fasane wurden erlegt. Die Strecke war der Hasenstrecke ebenbürtig. Keiner vermag eindeutig zu sagen warum, aber von da an ging's bergab. Im Jagdjahr 1978/79 waren es nur noch 528.000 der schon an römischen Festtafeln begehrten Vögel.
Die einen führen die enorme Bestandsverminderung – ebenso wie beim Rebhuhn – auf besonders schneereiche und strenge Winter zurück, andere meinen, es liege am Spritzen und außerdem an der Zunahme – in lokalen Bereichen – der Greife.

Die frischgeschlüpften Küken – es sind Nestflüchter – brauchen in den ersten Lebenswochen hauptsächlich eiweißreiche Nahrung: kleine Würmer, Larven und Insekten. Erst ab der sechsten Lebenswoche äsen sie wie die Eltern. Ihr Nahrungsbedarf ändert sich bis zu dieser Zeit und besteht dann mehr aus pflanzlicher als aus tierischer Kost.
Wo aber Insektizide Insekten jeden Stadiums vernichten oder gar nicht erst aufkommen lassen, gibt's für die Küken nichts zu picken. Und Herbizide verhindern, daß Wildkräuter wachsen. Doch deren Samen brauchen die kleinen und die großen Fasane und Rebhühner. Dem Fasan gelingt es aber, sich stellenweise anzupassen. Wo es Weizen, ein paar Beeren, Mais und Gräser gibt, da findet man auch sein Geläuf.
Fasane lieben Feld- und Waldränder; sie suchen Wasserläufe, Deckung im hohen Gras und unter Sträuchern. Sie baumen auf – hauptsächlich nachts – und sind sehr empfindlich gegen Störungen. (Wenn Hennen mehrmals vom Gelege gescheucht werden, lassen sie es meistens liegen.)

Der Fasan ist ein Chinese

Mit seinem langen Stoß und den kurzen Flügeln ist der Waldvogel dazu geschaffen, »oben« zu leben, im Unterschied zum Rebhuhn, das mit seinen langen Schwingen und dem kurzen Stoß »unten« lebt.
Es waren die Römer, die den Böhmischen Jagdfasan nach Deutschland brachten. Sie kannten den Speisevogel von den Griechen. Der Jagdfasan hat ein kupferrotes Gefieder mit blaugrünem Hals. Der Chinesische Reisfasan kam später – er trägt einen weißen Ring um den Hals. Dann gibt es noch einen Formosafasan und den Mongolenfasan, und alle diese Rassen haben sich untereinander gekreuzt. Das Gefieder der Fasane ist daher unterschiedlich bunt. Das Ursprungsland aller uns bekannten Fasanenarten aber ist China.
Die Balz der Fasane beginnt Ende März. Die Hähne verraten dann lautstark ihren Balzplatz. Mit einem krächzenden »Göck-göck« verteidigen sie ihre Hennen. Fasane leben polygam, also in Mehrehe, und bei der geringsten Störung in ihrem Revier rufen sie dieses rostige »Göck-göck«, stehen schwerfällig auf und machen ein sehr lautes Flattergeräusch. Bevor sie sich aber erheben, stieben sie lieber auf den Ständern davon. Die tarngefärbte, graubraune Henne mit dem kürzeren Spiel steht stumm auf.

Der balzende Birkhahn auf der Latschenkiefer. Wo es Birkwild gibt, da ist unsere Landschaft noch in Ordnung.

Aus vielen Revieren sind sie verschwunden. Rebhühner – ehemals Steppenhühner – sind die Opfer der Giftspritzerei.

Der Auerhahn hat eine Flügelspannweite von hundertdreißig Zentimetern und kann bis zu fünf Kilogramm wiegen.

In niedriger Deckung macht die Fasanenhenne ungefähr Mitte April ein Gelege von zwölf bis fünfzehn Eiern – und zwar am liebsten an Feld- und Waldrändern. Obwohl es streng verboten ist, sieht man immer wieder Bauern, die den Feldrand abflämen. Was sich der Laie kaum vorstellen kann: Meistens geht dabei nicht nur die Brut verloren, sondern auch die Henne. Sie sitzt so fest auf den Eiern, daß sie sogar mit dem Mähbalken geköpft werden kann.

Fasan und Rebhuhn haben viele natürliche Feinde: Füchse, wildernde Hauskatzen, streunende Hunde. Dachs, Iltis, Wiesel, Marder, Igel und auch Elstern und Krähen rauben das Gelege.

Ein Gesperre bis zur ersten Vollmauser zu bringen (sechzehnte Lebenswo-

che), ist bei so vielen Feinden für die Fasaneneltern nicht einfach. Die Henne kümmert sich um die Küken. Sie bewacht sie und führt sie auf die Weideplätze. Der Hahn steht im Ruf, sich nicht um sein Volk zu kümmern – das stimmt aber nicht. Er bewacht das Gesperre ebenso, nur in einem größeren Radius als die Henne, und bei Gefahr warnt er sofort »Göck-göck«.

Steppenvogel Rebhuhn

Beim Gedanken an das Rebhuhn ist den Niederwildjägern zum Weinen zumute. Sie sprechen von einem fast vollständigen Zusammenbruch der Rebhuhnpopulation. Es ist alarmierend: Die Jahresstrecke 1978/79 betrug knapp 140.000. Im Vorjahr waren es noch 244.000 und vor zehn Jahren waren es 445.000.

Gerade der ursprüngliche Steppenvogel Rebhuhn scheint unter unserer Flurbereinigung und der chemischen Landwirtschaft besonders zu leiden. Das Rebhuhn braucht Acker-, Grün- und Ödland, und zwar in kleinen abwechslungsreichen Flächen, da das Tier sehr standorttreu ist.

Von seiner »Traumlandschaft« hatte der taubengroße Hühnervogel in der guten alten Dreifelderwirtschaft genug. Als noch in jedem dritten Jahr das Feld brach liegen blieb, war es in günstigen Gebieten vor dreißig Jahren möglich, hundertzwanzig Paare auf einer hundert Hektar großen Fläche zu haben. Heute ist der pastellfarbene Vogel auf sein Existenzminimum zurückgesetzt – nach Dr. F. Müller sind es 0,5 bis ein Paar pro hundert Hektar.

Rebhühner leben monogam. Jedes Paar hat sein Revier, in das kein anderes Paar eindringen darf. Anfang Mai suchen sich die Eltern einen Nistplatz – am Rande von Getreide-, Raps- oder Kleefeldern, an Wiesen, Büschen, Hecken und bewachsenen Feldgräben.

Die Rebhenne baut das Nest allein und brütet die Eier auch allein aus. Der Rebhahn bewacht die brütende Henne. Um das Gesperre kümmert sich der Rebhahn dann aber ebenso aufmerksam wie die Henne. Rebhühner leben familienfreundlich. Eine Familie nennt der Jäger eine Kette. Wenn so eine Kette gesprengt wird, dann rufen die Eltern ihre verirrten Küken mit »Kirrik-kirrik« wieder zusammen. Ihr dunkles »Burruk-burruk« bedeutet für die Küken »In Deckung gehen – Gefahr!«

Ausgewachsene Rebhühner können bei Gefahr auch fauchen: »Chäääää-chäääää!« Wenn das nicht wirkt, machen sie einen Blitzstart in die Luft. Mit lautschlagenden Flügeln stieben sie davon.

Der Tageslauf eines Volkes beginnt im Sommer schon in den dämmrigen Morgenstunden. Nach dem Weckruf »Kirrek« streichen sie zur Äsung. Die Kleinen haben den Vortritt. Bewacht von den Eltern äsen die Küken zuerst. Bis zum Abend legen sie viele Ruhepausen ein. Am Abend drücken sie sich dann alle zum Schlafen eng auf dem Boden zusammen. Im Winter stehen sie später auf. Energiereiche Samen von Gräsern und Wildkräutern bilden dann ihre Nahrung, sollten es jedenfalls sein.

Bis zum Frühjahr – bis zur Balzzeit – bleiben die Ketten zusammen; im Herbst haben sie sich schon anderen Ketten angeschlossen. Eine Schar von fünfzig Hühnern – das sind mehrere Ketten – lebt sicherer.

Die Rauhfußhühner

Zu den Hühnern mit den rauhen – weil befiederten – Füßen gehören das Auerwild, das Birkwild und das Haselwild.

Die Gesamtjahresstrecke des Jagdjahres 1978/79 in der Bundesrepublik Deutschland sagt wohl mehr als alles andere, daß diese Tiere in der nächsten Zeit nicht mehr bejagt werden sollten: Es wurden genau drei Birkhähne erlegt – in Schleswig-Holstein. (Diese drei erlegten Hähne besagen nun aber nicht, daß es nur neun Hähne insgesamt gibt, sondern hier verzichtet der Jäger auf den Abschuß, weil er weiß, *wie* gefährdet diese Tierart ist.)

Der Wildbiologe Dr. F. Müller schreibt in »Jagd und Hege«: »Rauhfußhühner sind Indikatoren für ihre spezifischen Lebensstätten und deren Lebensgemeinschaften. Die heimischen Arten dieser Unterfamilien der Hühner sind in ihren Beständen so sehr zurückgegangen, daß sie bereits in fast allen mitteleuropäischen Ländern mit der Jagd verschont werden. Die Rückgangsursachen sind zwar noch nicht restlos geklärt, da sehr komplex und bei den einzelnen Arten zum Teil auch unterschiedlich, aber die wichtigsten kennen wir inzwischen.«

Der Hauptgrund ist die Zerstörung des Lebensraumes. Nur da, wo der Biotop dem Verhalten des Tieres und seinen Nahrungsbedürfnissen entspricht, kann es existieren. Was das Birkhuhn braucht, beschreibt Dr. Müller genau:

»Es braucht als schneller und ziemlich ausdauernder aber nicht wendiger Flieger (kurzer Stoß) und relativ schlechter Läufer und Kletterer offenes Gelände mit lockerer Baumschicht, möglichst nicht über drei Meter Höhe. Wegen seines starken Sicherheitsbedürfnisses (frühes Erkennen nahender Feinde, ungehindertes Abfliegen nach möglichst allen Seiten) und des zum Teil darauf abgestimmten Kommunikationssystems (auffälliges Verhalten auf dem Balzplatz) bevorzugt es zur Bodenäsung und zur Balz sogar Vegetationshöhen möglichst unter zehn Zentimeter.«

Auf Zentimeter kommt es an!

Bei den Tieren. Bei den Menschen ist etwas anderes wichtig. Dr. Müller schreibt weiter: »Bei den heutigen Bestrebungen der Land- und Forstwirtschaft zur Ertragsmaximierung schwinden die Birkhuhnbiotope zusehends. Halbtrockenrasen und Heiden werden als ›Ödland‹ aufgeforstet, ein Teil des Extensivgrünlandes und die meisten Moore – nach Trockenlegung und Abtorfung – erleiden das gleiche Schicksal, und die Streuwiesen werden intensiv bewirtschaftet, gedüngt, mehrmals gemäht oder dauerbeweidet.

In der Bundesrepublik Deutschland sind dadurch in allen Mittelgebirgen, mit Ausnahme der bayerischen, die Birkhuhnpopulationen erloschen oder fast am Aussterben.«

Der Fuchs

In der Fabel- und Märchenwelt gibt es kein Tier, das ihm an Schläue, Behendigkeit und Klugheit überlegen wäre, und auch heute lebt er für Kinder genauso aktiv in der Comicwelt, an Beliebtheit nur noch übertroffen von der (Micky-)Maus.

Der Rotpelz lebt in unseren Wäldern als Birkfuchs. Gebietsweise gibt es noch den Brand- oder Kohlfuchs, selten den Kreuzfuchs.

Das Fell des Birkfuchses ist auf der Oberseite hochrot, an der Bauchseite und an der Kehle grauweiß. An den Läufen ist er schwarzgestiefelt und die Blume ist weiß. (Die Blume ist das Ende der Lunte; die Lunte ist der buschige Schwanz des Fuchses.)

Der seltene Kreuzfuchs hat seinen Namen von dem dunklen Rückenstreifen, der in Höhe der Schulter gekreuzt wird.

Der Brandfuchs leuchtet nicht so grell durch das Tannengrün wie der Rotfuchs. Seine Oberseite ist braunrot, die Kehle und die Unterseite sind grauschwarz gefärbt. Gehöre und Branten (Ohren und Tatzen) sind bei allen Fuchsarten schwarz.

Das attraktive Pelztier nagelt hundeähnliche Spuren. Die Pfotenabdrücke spüren sich mit vier Zehen und sind eiförmig, im Abstand von ungefähr vierzig Zentimetern. Der Fuchs schleicht, schnürt und flieht. Beim Schleichen stehen die Füße schräg gegeneinander, beim Schnüren stehen die Tritte hintereinander in einer fast geraden Linie, und beim Flüchten sind die hinteren (flüchtigere Abdrücke) Läufe vor den Vorderläufen.

Auch der Puls eines erfahrenen Jägers erhöht sich, wenn er einen Fuchs durch das Unterholz schnüren sieht. Selbst wenn er keine Schußabsichten hat, wird er sich so verhalten, daß ihn der Fuchs nicht bemerkt. Es ist lange nicht so aufregend, ein Tier im Zoo – und wenn es noch so selten und exotisch ist – zu beobachten wie ein normales Wildtier in seiner natürlichen Umgebung.

Um in den Genuß eines solchen Anblicks zu kommen, braucht man in erster Linie viel Geduld, man muß warten und ruhen können, um zu genießen. Einmal husten, und Rüde oder Fähe sind flüchtig. Es ist leider unmöglich, dieses Erlebnis mit Kindern zu teilen. »Uiiii Pappi, schau mal!« oder nur ein unbedachtes Knacksen im Wald verjagt die Tiere.

Tagsüber hält sich der Fuchs in Nadelholzdickungen und in jungen Laubholzdichten auf. In ungestörten Waldgegenden gönnt sich das Tier gern ein Mittagsschläfchen in der Sonne auf Baumstubben oder im dichten, hohen und trockenen Gras. Seine Stammplätze besucht der Fuchs immer wieder auf den selben Wegen, dem Fuchspaß, und er ist viel unterwegs, denn in seinen Bau verkriecht er sich nur bei starkem Regen, an sehr windigen und kalten Tagen, bei Schnee und in der Ranzzeit, die im Januar beginnt.

Herr Reineke Voss und Frau Ermeline sind viel unterwegs, weil sie unendlich viel mausen. Füchse dürfen das. Mausen nennt man nämlich ihr Mäusefangen. Mäuse, Maulwürfe und andere Kleinsäugetiere, sogar Regenwürmer, Insekten und deren Larven nehmen sie als Fraß. Im Sommer und Herbst erntet der Fuchs auch Früchte und Beeren. Und selbstverständlich läßt er schwaches und krankes Wild nicht links liegen. Er ist dadurch nicht nur der Wildtollwutteufel – er tut auch einiges zur Gesunderhaltung des Wildbestandes.

Hat die Fähe ein Geheck, muß sie sich anstrengen. Mäuse reichen für die hungrigen Kindermäuler nicht aus. Da wird sie dann schon gelegentlich ein Rehkitz reißen, dann schleppt sie junge Hasen, Kaninchen, Fasane und Rebhühner in den Bau.

Reineke Voss ist da seiner Ermeline sehr hilfreich. Füchse leben – wenn sie nicht durch Abschuß oder andere Gewalt getrennt werden – wie Hunde in Einehe. Und der Fuchs ist ein sorgender Vater. Sind die Welpen geboren, geht er auf Pirsch. Zuerst füttert er seine Frau, dann trägt er den Welpen den Fraß zu.

Jäger finden junge Füchse genauso niedlich wie jeder andere Naturfreund auch. Aber in Tollwutgebieten ist nur ein Geheck auf tausend Hektar erlaubt. Jungfüchse können das ganze Jahr über geschossen werden.

Ein Entenfang ist selten. In der Hauptsache ernährt sich der Fuchs von Mäusen, Maulwürfen, von Aas und Fallwild. Er hält die Verbreitung der Schädlinge in Wald und Feld in Grenzen.

Gleich wird sich der Birkfuchs – wenn er sich ungestört fühlt – auf dem Baumstumpf zusammenrollen und sein Mittagsschläfchen halten.
Baumstümpfe sind aber auch bevorzugte Plätze, auf denen der Fuchs seine wurstförmige Losung ablegt. Die Losung ist, ähnlich wie beim Hund, ungefähr zwei Zentimeter dick und endet in einer feinen Spitze. Beerenreste, Haare, Federn und kleine Knochensplitter sind für den Fuchs unverdaulich und werden mit der Losung ausgeschieden. Zum guten Ende überzieht der Rotpelz das Ganze dann mit einer Duftmarke aus der Analdrüse am Weidloch.

Beim Haarraubwild wird die Begattungszeit Ranz- oder Rollzeit genannt. Einmal, weil die Tiere in dieser Zeit besonders (ranzig) riechen und zum anderen, weil sie sich ungestüm bewegen, umherrollen. Die Ranzzeit beginnt im Januar, und wenn ein starker Rüde seine Frau Fuchs gefunden hat, wird er keinen anderen Rüden mehr an sie heranlassen. Es kann jedoch passieren, daß die Fähe schon von einem schwachen Rüden gedeckt worden ist, ein stärkerer Rüde sie noch einmal deckt und den schwächeren Rivalen vertreibt. Wie beim Hund so ist es auch beim Fuchs möglich, daß die Jungen von verschiedenen Vätern sein können.

Der Deckvorgang ist der gleiche wie bei Wolf und Hund. Nach dem Eindringen des Penis hängen die Tiere aneinander, ungefähr eine halbe Stunde lang, weil der Rüde so lange braucht, um zu ejakulieren. Die Fähe geht dann sechsundfünfzig Tage dick und wölft gewöhnlich im März/April.

Zum Wölfen legt sich die Fähe extra einen Wurfbau an. Dieses Fuchswochenbett ist ein schlichter Notbau: eine kurze Röhre und nur ein Eingang mit Kessel am Ende. Nach acht Wochen Tragzeit kommen vier bis sieben Junge auf die Welt. In den ersten Wochen sorgt die Fähe noch für Sauberkeit: Sie frißt den Kot ihrer Jungen. Sobald die Jungen aber festere Nahrung aufnehmen und das von der Fähe vorgekaute Fleisch fressen, ist es mit der Sauberkeit im Kessel vorbei. Die Mutter kümmert sich nicht mehr um die Ausscheidungen ihrer Kinder und läßt sie gewähren, so lange bis der Bau total verschmutzt ist. Dann wird umgezogen.

Der nächste Bau ist der Aufzuchtbau. Er ist größer und hat mehrere Röhren und Eingänge. Es kann sein, daß er neu gebaut wird, es kann aber auch sein, daß es ein alter Dachsbau oder ein Feldbau ist. Füchse lassen vor den Eingängen Beutereste liegen. Größere Federn oder Geflügelfüße, auf denen sich vielleicht noch Schmeißfliegen tummeln, sind ein sicherer Wegweiser zu Familie Fuchs. In diesem Aufzuchtbau leben die Welpen bis sie selbständig auf Jagd gehen können. Das ist ungefähr, wenn sie ein halbes Jahr alt sind, im September.

Er fasziniert die Kleinen und die Großen. Reineke Fuchs ist so beliebt und hat doch einen schlechten Ruf. Mit Ausnahme der Setzzeit darf der Fuchs im ganzen Jahr gejagt werden.

Der großartige Mäusefänger ist – neben dem Reh – der Hauptüberträger des Tollwutvirus.

Tollwut ist schlimm. Aber ... nach 1946 sind in der Bundesrepublik zwölf Menschen an Tollwut gestorben. Das heißt: »Jedes dritte Jahr gibt es einen Todesfall! Aber: In einem Jahr sterben in der Bundesrepublik vierzehntausend Menschen im Straßenverkehr, ebenso viele durch Selbstmord. 1979 starben sechshundert durch Drogen, und jedes Jahr gibt es hundertvierzigtausend Tote, die an den Folgen des Rauchens sterben. Tollwut ist schlimm. Aber es gibt keinen Grund zur Panik.

Der Fuchs wird rigoros bejagt. Die Tollwut ist gefährlich, und in »gefährdeten Wildtollwutbezirken« darf der Fuchs nicht nur durch die üblichen Jagdarten vernichtet, sondern auch im Bau vergast werden. Die meisten Jäger lehnen diese Art von »Jagd« ab, da sie nicht waidmännisch und außerdem nicht sicher ist. Doch der Fuchs, der eine volle Ladung Zyanwasserstoffgas (Blausäure) abbekommt, fällt nach einer Minute in tiefe Bewußtlosigkeit. Bei dieser Art Populationsverdünnung kann es vorkommen, daß eine Fähe stirbt und die Jungen überleben, weil sie sich vielleicht gerade in einer anderen Röhre aufhalten und das Gas nicht bis zu ihnen dringt. Die Jungen müssen dann verhungern.

Bei den nebenstehenden Zahlen könnte man vielleicht auf die Idee kommen, daß Jäger hysterisch sind. Nicht einmal ein Toter pro Jahr, und schon riskiert man, eine Tierart vielleicht auszurotten. Jäger sind vorsichtig, und sie verstehen sich als Lobby der Tiere, die durch die Viruskrankheit gefährdet sind: Hunde und Katzen, Rinder und Rehe. Auch Ratten und Vögel können die Tollwut übertragen.

Das Tollwutvirus ist besonders im Speichel, im Gehirn, in der Milch und im Kot erkrankter Tiere enthalten. Der Erreger kann sich aber nur – wie alle Viren – in lebenden Zellen vermehren.

Wenn das Virus nicht durch einen Biß in eine Fleischwunde gelangen kann, wird es durch Wärme, ultraviolette Strahlen oder andere physikalische oder auch chemische Einwirkungen zerstört. Es genügt aber auch schon eine kleine Hautverletzung, ein Riß, durch den der Speichel eines erkrankten Tieres eindringt. Die Inkubationszeit bis zum Ausbruch der Gehirn-Rückenmark-Entzündung ist lang und sehr unterschiedlich: Beim Hund bricht die Krankheit nach zehn bis sechzig Tagen hervor, bei der Katze, dem Schaf und dem Schwein innerhalb von dreißig bis sechzig Tagen, und beim Pferd kommt die Tollwut erst nach sechzig bis hundertfünfzig Tagen nach der Infektion zum Ausbruch.

In Tollwutgebieten sollten nicht nur Hunde, sondern auch Katzen die jährliche Wiederholungsimpfung gegen Tollwut bekommen.

Die Tollwutschutzimpfung für den Menschen ist vielleicht nicht gerade angenehm, aber sie ist der einzige wirksame Schutz gegen die tödlich verlaufende Krankheit. Und – statt der vierzehn – gibt es jetzt nur noch sechs Injektionen, die außerdem ohne Nebenwirkungen sind. Sie werden verteilt auf den Tag der Infektion und auf den 3., 7., 14., 30. und 90. Tag nach der Infektion. Antigenetisch ist das Tollwutvirus auf der ganzen Welt einheitlich: In welchem Land auch immer jemand an Tollwut erkrankt, es wirkt immer derselbe Tollwutimpfstoff.

Wie sich das Tollwutvirus verbreitet

Das Virus vermehrt sich zuerst lokal in Muskelzellen (an der Bißstelle) und gelangt dann über die Nervenenden in die Nervenbahnen, von dort ins Rükkenmark und Gehirn. Das Virus verbreitet sich nicht – wie vielfach angenommen – über die Blutbahn! Das Tollwutvirus wird ausschließlich innerhalb der Nervenbahnen verbreitet.

Erst am Ende der langen Inkubationszeit wandert das Virus und vermehrt sich massiv im Gehirn. Ungeimpft bekommt man starke Erregungszustände und Lähmungen, die unweigerlich zum Tod führen.

Professor Dr. F. Steck und Dr. A. Wandeler haben sich mit der Erforschung des Tollwutvirus befaßt. Sie schreiben in den »Wildbiologischen Informationen für den Jäger«: »... daß weder bei ungeimpften noch bei geimpften Hunden – auch bei keiner anderen Tierart – eine Virusausscheidung ohne gleichzeitige oder in seltenen Fällen vier bis fünf Tage später einsetzende klinische Symptome erfolgt. Die Ansicht, daß es klinisch gesunde Virusausscheider, besonders unter geimpften Hunden, geben soll, taucht immer wieder auf. Sie ist aber experi-

Der Luchs jagt schnell, behende, aber nicht ausdauernd. Das hochbeinige Tier ermüdet schnell.

mentell oder durch Feldbeobachtungen nicht belegt und aus pathogenetischen Gründen unwahrscheinlich. Die Virusausbreitung im Organismus erfolgt über die Nervenbahnen und gelangt damit zwangsläufig zuerst ins Gehirn und darauf erst in die Speicheldrüsen.
Auch Risikopersonen, wie Wildhüter, Tierärzte, Schlachthofpersonal und sicher auch Jäger, sollten sich vorbeugend schutzimpfen und ihre Immunität überprüfen lassen.« 1978 wurden 3.641 Tollwutfälle bei Wild- und Haustieren amtlich gemeldet und registriert, ein Rückgang um 23,6 Prozent gegenüber dem Vorjahr. Noch ein interessantes statistisches Zahlenspiel: Bei Wildtieren verringerte sich die Tollwut um sechsundfünfzig Prozent, bei den Haustieren um neunundsechzig Prozent gegenüber dem Vorjahr! Das verdanken wir den Füchsen, die nicht mehr leben, und den Menschen, die ihre Hunde und Katzen regelmäßig immunisieren lassen.

Der Luchs

Bär, Wolf und Luchs streiften einst raubend und ungehindert durch unsere Wälder und rissen schwaches und krankes Wild. Der letzte Bär wurde 1836 bei Ruhpolding erlegt, Wölfe gibt es nur noch in Gehegen, und Luchse waren in Deutschland bereits ausgestorben. Vor einigen Jahren hat man nun wenige Exemplare dieses »natürlichen Jägers« im Bayerischen Wald ausgesetzt. Die scheuen Raubkatzen brauchen ein großes, geschlossenes Waldgebiet, und sie jagen alles, was sie bewältigen können. Von der Maus bis zum schwachen Rehwild reißt der Kuder (männlicher Luchs) oder die Luchsin alles nach Ansitz oder Pirsch. Der Luchs hetzt kein Wild.

Der Luchs kann keine Tierart ausrotten

Ökologisch denkende Jäger würden sich über die Weiterverbreitung des Luchses freuen. Aber da gibt es natürlich einige Hinderungsgründe: Wo gibt es bei uns noch eine große geschlossene Waldfläche, die nicht durch »harmlose Spaziergänger« gestört wird? Oder durch eine Autobahn zerstückelt ist?
Außerdem müßte noch untersucht werden, welche Auswirkungen der Luchs auf die jämmerlichen Bestände der Rauhfußhühner haben würde. Der wildlebende Luchs könnte zwar keine Tierart ausrotten, weil er verhungern müßte, wenn er so lange jagt, bis er auch wirklich das letzte Birkhuhn verspeist hätte. Aber eine ohnehin schon schwache Population möchte man nicht noch mehr schwächen.
Heribert Kalchreuther schreibt in seinem Buch »Die Sache mit der Jagd – Pro und Kontra«, warum Räuber ihre Beutetiere nicht ausrotten: *»Die Zahl der Räuber hängt von der Dichte der Beutetiere ab und nicht umgekehrt.«* Das bedeutet: Gibt's nichts zu fressen, gibt's auch keine Luchse. Kalchreuther weiter: »Der Räuber weicht auf andere Beute aus, wenn seine Hauptbeute seltener wird, bevor er diese ausrottet. Denn der Aufwand, um die

Hochstehende schwarze Ohrenbüschel und der starke Backenbart sind die charakteristischen Kopfmerkmale des Luchses. Nur wenige dieser schönen Tierart leben im Bayerischen Wald. Hinter Gittern gibt es sie in jedem größeren Zoo oder Tierpark.

letzten wenigen Exemplare zu erwischen, ist größer als der Energiegewinn durch deren Erbeutung. Er müßte also verhungern.« Ein altes Sprichwort aus den Karpaten sagt: »Wo der Luchs jagt, gedeiht der Urhahn nicht.«

Der Wolf lebt im Rudel. Eine Wölfin bringt ab ihrem dritten Lebensjahr einmal jährlich vier bis acht Junge zur Welt.

Der Luchs hat einen hochgestellten, kräftigen, aber schlanken Körper. Er wird über einen Meter lang und erreicht bis zu fünfundsiebzig Zentimeter Widerristhöhe. Sein Pelz ist weißlichgrau und rötlichgrau mit dunklen Flekken. Farbe und Zeichnung können sehr verschieden sein. Seine Rute ist nur ein kurzer Stummel. Luchse sind scheue Höhlenbewohner, aber standorttreue Einzelgänger. Nur zur Ranzzeit wandern sie kilometerweit.
Eine Luchsin bringt einmal im Jahr zwei bis vier Junge. Die Luchsfamilie ist ganzjährig geschont.

Der Wolf

Der Jägerprüfling lernt aus seinem Handbuch für Jäger von Dr. Richard Blase über den Wolf vier Zeilen: »Darf man einen Wolf schießen, den man im Revier antrifft? Ja. Er gehört nicht zum Wild und ist völlig ungeschützt. Man denke an die Tollwutgefahr! Er ist ein starkes Raubwild (bis 1,40 m lang und 0,80 m hoch und bis 45 kg schwer).«
Der Verhaltensforscher Dr. Eric Zimen, der viele Jahre das Leben der Wölfe in den Abruzzen (wo sie heute noch wild leben) und im Bayerischen Wald studierte, lächelt, wenn ihm zum x-ten Male die Geschichte von den wilden, wütenden ausgebrochenen Wölfen, die Kinder im Ort angefallen haben sollen, vorgehalten wird. »Menschen haben schon immer die Wölfe gejagt. Aber noch niemals haben Wölfe Menschen gejagt.«
Wie sich die Geschichte seinerzeit wirklich abgespielt hat, schildert er in seinem Buch »Der Wolf«. Um den Wolf ranken sich viele mythische Geschichten. Der Wolf, der scheu und zurückgezogen in den Wäldern lebte, der Urahn unseres Hundes, gehört zum starken Raubwild, den viele Ökologen gern wieder als »natürlichen Jäger« einbürgern würden. Aber wo sollte das Tier ungestört in Rudeln leben können? Wenn es im Bayerischen Wald nicht leben kann, wo sonst noch in Deutschland?

Die Marder

Der Marder spannt die Hinterläufe, krümmt den Rücken und springt auf den kauernden Bruder. Beim Kämpfen überkugeln sie sich. Der Fang gräbt sich seitlich in die Kehle. Der Besiegte liegt auf dem Rücken und tritt mit den Branten (Pfoten) gegen den Bauch des Überlegenen. Die Marder jagen und kämpfen im Spiel, wie es Katzen tun. Sie proben für den Ernstfall. Alle Spielübungen sind auch Bewegungen, die sie ausführen, um Beute zu fangen und zu reißen.

Der Baummarder ist ein großartiger Springer und Kletterer. Er ist ein Waldtier und lebt in hohlen Bäumen und Spechthöhlen. Er benutzt auch verlassene Greifvogelhorste als Tagesunterschlupf. Der Baummarder jagt mehr am Tag als in der Nacht und ernährt sich von Mäusen, Kleinvögeln und Beeren. Seine Kletterkünste werden sehr oft einem anderen Klettermaxen gefährlich: Der Marder reißt Eichhörnchen. Vögel holt er sich nachts. Da fällt er auch schlafende Tauben an.

Der Steinmarder lebt zivilisierter: Er stört sich nicht an der Nähe des Menschen, und auf manchem abgelegenen Bauernhof fängt er mehr Mäuse als die Hauskatze. Wenn er nicht in den Kaninchen- oder Hühnerstall eindringen kann, erfährt keiner von seiner Existenz, denn nur nachts geht er auf Beutezug, tagsüber schläft er auf Dachböden, in der Scheune oder auf dem Heuboden.

Diese Baum- und Steinmarder wurden mit der Kastenfalle gefangen. In solchen Fallen werden außer Mardern noch Waschbär, Iltis und Wiesel lebend gefangen. Sie müssen daher täglich kontrolliert werden.

Die Nase des Baummarders ist schwarz, beim Steinmarder ist sie fleischfarben. Der Balg ist dunkelbraun und hat gelbe Unterwolle. Bei den meisten Baummardern ist der Kehlfleck rund und goldgelb. An diese »Vorschrift« haben sich die beiden auf dem Bild aber nicht gehalten.

Bei den Landwirten ist der Marder sehr gefürchtet. Gelingt es dem geschmeidigen Tier, in den Hühnerstall einzudringen, wird der Steinmarder nicht eher ruhen, bis alle Hühner umgelegt sind. Hühner werden sofort verrückt, gackern und flattern wild durcheinander, wenn der Marder eindringt. Das wiederum entfacht einen natürlichen Trieb des Steinmarders: Er muß so lange Hühnerhälse durchbeißen, bis nichts mehr flattert. Aus diesem Grund hat man dem braunen Pelztierchen einen Blutrausch angedichtet.

Beide Marderarten lieben übrigens rohe Eier. Sie tragen sie eingeklemmt zwischen Unterkiefer und Hals. Mit der kostbaren Beute gehen sie so sorgfältig um, daß das Ei nicht zerdrückt wird und beim Austrinken auch kein Tropfen verlorengeht.

Männliche und weibliche Marder leben getrennt, außer in der Ranzzeit, die im Juli und August ist, genau in der Zeit der Rehbrunft. In dieser Zeit stoßen die Marder markerschütternde Schreie aus; sonst keckern sie, wenn sie aufgeregt sind.

Die Fähe ist ungefähr fünfundvierzig Zentimeter lang. Für diese Größe hat sie eine ungewöhnlich lange Tragzeit: Erst nach neun Monaten bringt sie zwei bis vier Junge. Das Geheck ist dann achtunddreißig Tage blind und bleibt das ganze Jahr über, bis zum Januar, bei der Fähe.

Ob man einen Steinmarder im Haus oder in der Scheune hat, kann man an den Spuren erkennen: Von der Katzenspur ist sie zu unterscheiden, weil die Katze runde Ballen hat und krallenlos abdrückt. Die Marderspur hat Krallen und ist länglich. Meistens ist es

Der Steinmarder zeigt hier, wo er zu Hause ist. Wenn nicht in Scheune oder Heuboden, lebt er in felsigen Höhlen oder in Steinbrüchen. Der Steinmarder hat nackte Branten. Deshalb sind seine Spuren leichter auszumachen, als die behaarten des Baummarders.

Mäuse, Käfer, Schnecken, Engerlinge, Obst, Hafer und junge Hasen – alles frißt der Dachs. Und die Auerhenne muß um ihr Gelege fürchten, denn der Dachs nimmt auch die Eier aller Bodenbrüter.

ein schräger Paartritt, d. h., zwei Tritte der Marder stehen immer in schräger Richtung nebeneinander, und die Tritte der Hinterläufe landen meistens in den Abdrücken der Vorderläufe. Der Abstand zwischen Hinter- und Vorderläufen beträgt ungefähr sechzig Zentimeter. Beim Ausgehen der Spur gibt die Marderlosung die letzte Sicherheit: Sie zeigt meist Reste von Beeren oder Zwetschgen oder Unverdauliches von Federn, und wie beim Fuchs duftet die Losung nach Veilchen. Mit der Duftdrüse am Weidloch markiert der Marder seinen Weg, der dann auch von seinen Artgenossen als Marderpaß benutzt wird.

Der Dachs

Ein weißer Streifen läuft von dem breitmauligen Fang über die Mitte des Kopfes und endet im graubraunen Unterfell mit den schwarzen Grannen. Symmetrisch laufen rechts und links davon zwei schwarze Streifen über Seher und Gehör. Diese Zebrastreifung läßt den Dachskopf stromlinienförmig erscheinen. Um so pummeliger wirkt sein Körper mit dem langen dichten Fell.

Es ist nicht möglich, den Dachs mit irgendeinem anderen Tier zu verwechseln, wie das zum Beispiel bei seinen Verwandten Marder, Wiesel und Iltis untereinander leicht geschieht. Daß der Dachs etwas Besonderes ist, zeigt er auch mit seinem schwarzen Bauch. Alle bekannten Pelztiere haben einen hellen Bauch und eine dunkle Oberseite. Der Dachs macht es umgekehrt.

In Märchen und Fabeln ist er der Grimbart und der Vetter von Reineke Voss. Obwohl er überhaupt nicht mit ihm verwandt ist, zeigt er sich seinem »Vetter« gegenüber großzügig: Der Fuchs darf seinen Bau befahren. Der Dachs hat aber mit seinem Untermieter nur Ärger: Erst einmal ist da die Arbeit. Jeder Dachs gräbt seinen Bau. Bestehende Röhren werden ausgebaut. Es gibt Dachsbauten, die mehr als hundert Jahre alt sind, an denen viele Dachsgenerationen mehrstöckig viele Eingänge und Röhren gegraben haben, und wenn ein Dachs erst einmal wohnt, dann wohnt er. Er bleibt, wenn es irgendwie geht, sein Leben lang diesem Bau treu. Mit seinen langen Nägeln (Krallen) ist er ein vorzüglicher Erdschaufler, und wer so intensiv an seiner Burg baut, lebt auch häuslich.

Tagsüber bleibt er im Bau, erst bei Einbruch der Dämmerung macht er sich auf Nahrungssuche. Oder er sticht außerhalb seines Baues ein neues Klo. Der Dachs löst sich nicht im Bau, seine Losung kommt außerhalb in ein extra mit den Vorderbranten gestochenes Loch: faustgroß und trichterförmig. In diesen Dachsabtritten oder Dachsaborten liegt dann die wurstförmige Losung. Sie ist an Pflaumenkernen, Flügeldecken von Käfern und an Obst- und Beerenresten zu erkennen. Dachsaborte sind auch eine prima Brutstätte für Käfer, besonders für den Mistkäfer. Das Klo wird dadurch zur Speisekammer für Familie Grimbart. Mistkäfer schmecken vorzüglich.

Weil der Dachsbau so großzügig angelegt ist, kann der saubere Dachs den Fuchs ertragen. Sein fabelhafter Vetter kennt nämlich keine Freilufttoilette. Das Fuchsquartier liegt meistens in einer oberen Röhre, die von der unteren Dachsetage recht weit entfernt ist.

Der andere Nachteil, den der Dachs durch den Fuchs erleiden muß, ist die Baubegasung in Tollwutgebieten: Da kann es schon einmal vorkommen, daß der Fuchs verfolgt und der Dachs getroffen wird.

Hat die Fähe ein Geheck, nutzt sie die Abwesenheit der Dächsin, um Jungdachse für ihre Kinder zu rauben. Mensch und Fuchs sind die einzigen Feinde des Dachses.

Juli und August ist der Dachs aushäusig. Da fährt er schon am späten Nachmittag aus dem Bau und ist dann viele Nachtstunden auf den Läufen. In

Die Spuren von vier Sohlengängern: Fuchs, Hund, Katze und Dachs. Mit den Klauen und deren langen Zehennägeln ist der Tritt des Dachses leicht zu erkennen.

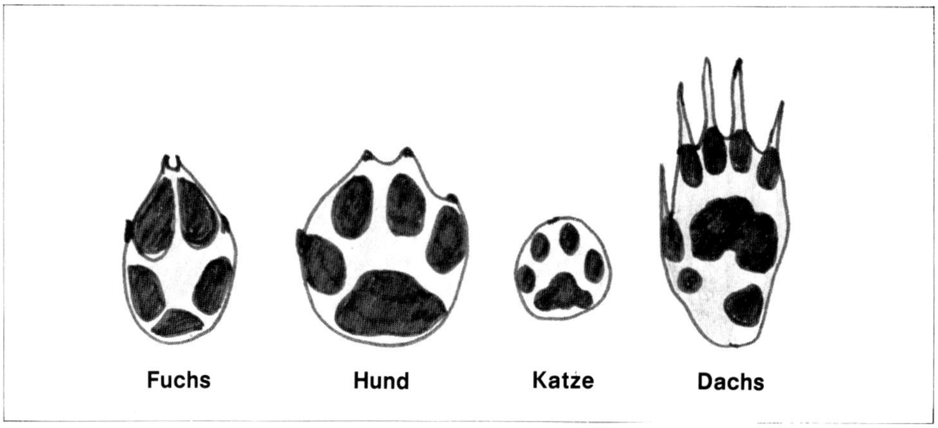

Der Dachs lebt in ganz Deutschland und baut am liebsten an Waldrändern. Er ist Allesfresser mit einer starken Beißmuskulatur. Im Herbst weidet der Einzelgänger in Weinbergen und Obstgärten.

diesen zwei Sommermonaten hat der Dachs seine Ranzzeit, ebenso wie alle Marder und auch das Rehwild. Der Ranzschrei ist laut und markerschütternd.

Nach der Paarung geht die Dächsin sieben bis acht Monate dick. Richtig dick wird sie aber erst sechs Wochen vor der Geburt. Die Dächsin hat nämlich eine Eiruhe bis Januar, erst dann wachsen die Embryos.

Zwei bis fünf Jungdachse bringt die Mutter im Februar/März blind und säugt sie ungefähr zwei Monate lang. Das Geäuge der Kleinen öffnet sich nach drei bis vier Wochen, und erst Ende Mai fährt die Dächsin mit ihrem Geheck zum erstenmal in der Abenddämmerung aus dem Bau. Zusammen gehen sie dann in der Nacht auf Nahrungssuche.

Die Familie sticht nach Erdmast und wühlt den Boden um, und wenn sie nach Waldfrüchten, Larven und Engerlingen wurzelt, bricht sie die Laubdecke und die obere Erdschicht um, genauso geschickt wie das die Wildschweine können.

Im Herbst sammelt der Dachs für sein Winterlager dürres Gras, Laub und Waldstreu mit Moos. Wenn er die Polsterung in seinen Bau schiebt, geht er rückwärts. Dadurch entsteht eine Schleppspur, das Geschleife. Der Jäger erkennt daran, daß der Bau vom Dachs befahren ist.

In dieser Zeit frißt er sich auch den Speck für den Winter an. Im Winter bleibt er nämlich wochenlang im Bau, nicht zum Winterschlaf, aber zur Winterruhe. Seine Fettschicht erhöht dann sein Gewicht um rund fünf Kilogramm. Männliche Exemplare erreichen dann bis zu zwanzig Kilogramm.

Mit acht bis zehn Wochen, wenn die Jungdachse nicht mehr gesäugt werden, dürfen sie zum ersten Mal an die warme Maisonne. Zusammen mit der Dächsin schleichen oder traben sie durch die Landschaft auf Nahrungssuche.

Der Iltis hat eine Maus gefangen. Mäuse gehören zu seiner Hauptnahrung. Der Iltis hat eine weiße Gesichtsmaske und ist geringer als der Marder.

Das Frettchen hat die Kaninchen aus dem Bau getrieben. Der Jäger kann sie erlegen oder – wenn er die Erfahrung hat – mit der Hand fangen.

Das Wiesel

Bei den Wieseln gibt es das Großwiesel oder Hermelin und das Klein- oder Mauswiesel. Das Große Wiesel trägt im Winter seinen weißen Hermelinpelz. Nur die buschige Rutenspitze bleibt schwarz wie im Sommer.

Beide Wieselarten sind schwer voneinander zu unterscheiden: Das Große Wiesel muß nämlich nicht unbedingt größer sein als das Kleine Wiesel. Ein Mauswieselrüde kann größer und schwerer sein als eine Hermelinfähe.

Die Rutenspitze des Hermelin ist das sicherste Unterscheidungsmerkmal: Sie ist langhaarig, schwarz und zehn Zentimeter lang. Die Rute des Mauswiesels ist fünf Zentimeter lang, kurzhaarig und bis in die Spitze rotbraun gefärbt. Das Mauswiesel behält seine fahlbraune Farbe auch im Winter.

Wiesel nehmen Mäuse, Ratten und Kleinvögel. Sie sind angriffslustig, und wenn die Wieselkonkurrenz groß und der Mäusebestand klein ist, stürzen sich die schlanken Pelztierchen auch auf ausgewachsene Kaninchen. Dabei springen sie ihre großen Opfer von hinten an und schlagen ihre Fangzähne in den Nacken. Wenn die Fähe ihr Geheck bedroht sieht, wird das zierliche Tier sogar so aggressiv, daß es auch den Menschen anfällt.

In wieselreichen Gegenden wird der Niederwildjagdgegner mit der Wippbrettfalle bejagt.

Das Frettchen

Seine Abstammung ist nicht eindeutig. Man kennt das Frettchen aber schon seit dem 4. Jahrhundert v. Chr. als gezähmte Iltisart. Der Albino mit den roten Augen kommt wahrscheinlich aus Nordafrika und wird von Jägern als Haustier und Jagdassistent gehalten: um Kaninchen aus dem Bau zu sprengen. Das funktioniert aber nur im Winter. Das kaninchenscharfe Tier fährt sonst in den Bau und frißt sich

erst einmal an Jungkaninchen satt, schläft ein, und der Jäger sitzt vor dem Bau und wartet und wartet. Damit das Frettieren aber auch im Sommer klappt, gibt es Maulkörbchen.
Es gibt auch bräunliche Frettchen. Das sind die Iltisfrettchen, eine Kreuzung Frettchen-Iltis.

Der Iltis

Er hat viele Namen: Ratz, Ülling, Ilk und Stinkmarder heißt der Iltis. Wie der Nerz (Sumpfotter) und das Wiesel gehört der Iltis zu den Stinkmardern. Wenn er sich aufregt, stinkt er. Dafür gibt es Drüsen am Weidloch. Der Geruch ist nicht so penetrant wie bei seinen nordamerikanischen Verwandten, den Skunks, aber er reicht, um angreifende Hunde zu verjagen.

Der Iltis trägt eine weiße Gesichtsmaske und ist kleiner als der Marder. Bauch und Kehle sind fast schwarz gefärbt. Durch die braunen Grannenhaare auf dem Rücken schimmert die gelbliche Unterwolle.
Der Iltis ist ein berühmter Rattenfänger, weswegen er auch »der Ratz« genannt wird. Am Tag schläft der Ratz auch wie ein Ratz, und in der Dämmerung wird er mobil. Da schleicht er überall hin, wo es Ratten, Mäuse, Kleinvögel, sogar Schlangen, Eidechsen, junge Hasen und Kaninchen sowie Wildgeflügel mit Gelege gibt. Damit die Wege nicht zu weit sind, lebt er in der Nähe von Gewässern, in Erdbauen, hohlen Bäumen, unter Holzhaufen und an Uferböschungen. Er holt sich nämlich auch Fische und gerne Frösche, die er mit einem Biß lähmt und betäubt als Wintervorrat in seinen Bau schleppt.
Im Winter, wenn seine Raubzüge nicht mehr so erfolgreich sind, zieht er in die Nähe von Gehöften. Wenn er dann in einen Hühnerstall einfällt, holt er sich nur das, was er zum Sattwerden braucht: ein Huhn.
Die Üllings paaren sich im März. Kurz vor der Geburt – nach zweiundvierzig Tagen Tragezeit – baut die Fähe für ihr Geheck ein Nest aus dürrem Gras und Moos. Das Nest liegt gut versteckt im Kaninchenbau, unter Reisighaufen, Holzstößen oder an ungestörten Plätzen in den Scheunen. Im Mai bringt die Fähe dann vier bis sieben Jungüllings, die mit vierunddreißig Tagen die Augen öffnen. In dieser Zeit – der Setzzeit – darf Familie Iltis nicht gejagt werden, sonst aber das ganze Jahr hindurch.

Hier hält sich der Iltis am liebsten auf: Am Bach gibt es Frösche, die er mit einem Biß lähmt und als Wintervorrat in seinen Bau schleppt.

Von der Nase bis zur Schwanzspitze ist der Fischotter hundertvierzig Zentimeter lang. Der großartige Schwimmer wiegt rund zwölf Kilogramm.

Der Otter

Wo gibt's noch was zu fischen? Bäche und Flußläufe sind verdreckt. Das halten nur wenige Fische aus, und für den Fischotter bleibt nur noch ein schlechter oder gar kein Lebensraum. Deswegen ist der Fischotter unser bedrohtestes Säugetier.

Zu den Zeiten, als man grundsätzlich alle Tiere nur in nützlich und schädlich teilte, galt der Fischotter als böser Räuber und gleichzeitig als begehrtes Pelztierchen. Heute hat er nichts mehr zu rauben, und der Fischer ist nicht mehr der Fischer von früher.

Der erdbraune Balg des Otters ist zwar das ganze Jahr über brauchbar, aber die wenigen Exemplare – die hauptsächlich in Schleswig-Holstein zu überleben versuchen – sind natürlich jetzt ganzjährig geschont.

Kraftvoll, zielsicher, elegant schwimmt sein Stromlinienkörper durch die Fluten. Er fischt nicht nur Fische. Das reaktionsschnelle Tier holt sich auch Bläßhühner, Frösche und Enten. Auf dem Land frißt es Eier und Mäuse. Es knabbert an Pflanzen und Wurzeln. Wenn der Otter seine Beute im Wasser verzehrt, schwimmt er auf dem Rücken, was er auf dem Land verzehrt, nimmt er zwischen seine Läufe, die Schwimmer, und frißt es in Bauchlage. Mit diesen Schwimmern macht er weite Wanderungen über Land. So watschelt er von einem Gewässer zum anderen.

Der Otterbau liegt meist am Flußufer mit dem Einstieg unter Wasser. Es gibt aber auch Baue mit Ein- und Ausstieg im Ufergestrüpp. In diesen Bauen bringt die Otterin einmal im Jahr zwei bis vier Junge zur Welt.

Ranzzeit ist das ganze Jahr – aber die meisten Otter haben ihre Ranz im Februar, und nach neun Wochen Tragzeit werden die blinden Jungen geworfen. Ungefähr nach acht Wochen dürfen die Otterkinder zum erstenmal Frischluft schnuppern. Schwimmen können sie übrigens ohne Lehrzeit. Aber die ersten Abenteuer auf dem Wasser erleben sie lieber auf dem Rücken der Mutter. Wie die Seehundbabys legen sich auch die Fischotterkinder auf den Rücken ihrer Mutter und halten sich an ihrem Nacken fest. Dabei lernen sie gefahrlos, wie sie sich im Wasser verhalten müssen.

Das war einmal: Der Fischotter wurde von den Fischern erbarmungslos gejagt.

Das ist ein Wildkatzenmann, ein Kuder. Sein breiter Fang, seine Stärke und die verwaschenen Streifen an den Flanken sind Erkennungsmerkmale für den Jäger, daß es sich hier um eine reine Wildkatze und keinen Blendling handelt.

Die Wildkatze

Mäuse, viele Mäuse, Hasen, Kaninchen, Eichhörnchen, Vögel und auch Kitze sind die Beute der Wildkatzen.
Ein schlimmer Räuber. Wieviel Wild hat die Katze dem Jäger vor der Flinte weggeschnappt? Genug, um sie einst so intensiv zu jagen, wie das die Fischer mit dem Otter getan haben; und ähnlich wie der Otter heute noch gefährdet ist, drohte auch die Wildkatze auszusterben. Aber nun darf sie wieder leben. Die Wildkatze ist ganzjährig geschont. Im Taunus, im Hunsrück, in der Eifel und im nordhessischen Bergland dürfen Kuder und Kätzin in den großen Waldrevieren nachts auf Jagd gehen. Da sie hauptsächlich Mäuse jagen, muß der Jäger nicht um den Bestand seines Niederwildes fürchten.

Der Bestand an Wildkatzen ist nun wieder erfreulich gestiegen. In großen zusammenhängenden Waldgebieten lebt das gelbgraue Tier mit der blassen Streifung als Einzeltier.
Eine Wildkatze von einer wildernden Katze zu unterscheiden ist für den Jäger kein Problem: Einmal sind die Wildkatzen sehr viel stärker als die Hauskatzen. Ein ausgewachsener Kuder wiegt rund zehn Kilogramm. Sie haben eine sehr buschige Rute, die drei bis fünf geschlossene schwarze Ringe hat. Die reine Wildkatze ist außerdem sehr verwaschen in ihrer Zeichnung. Die Streifen an den Flanken heben sich nur schwach von der gelbgrauen Grundfarbe des Felles ab.
Schwierig wird die Identifikation – das Ansprechen – bei den Blendlingen. Blendlinge sind Mischlinge zwischen Wildkatze und Hauskatze, und diese Kreuzungen soll es schon häufiger geben als die reine Wildkatze.
Jede Hauskatze, die in der Nähe eines Waldes lebt, geht wildern. Die Kätzin jagt in einem Umkreis von drei Kilometern. Der Hauskater zieht größere Kreise. Im Februar und März, in der Ranzzeit, durchstreift er die Wälder und kommt oft nicht mehr nach Hause. Der Kater paart sich mit der Wildkatze und die Hauskatze mit dem Kuder. Nach neun Wochen wölft die Kätzin und bringt drei bis fünf Junge auf die Welt.

Das Murmeltier ist ein Nagetier und gehört zur Familie der Hörnchen. In den bayerischen Alpen ist es teilweise so zutraulich geworden, daß es sich im Sommer von den Touristen füttern läßt.

Der Waschbär

Vor rund fünfzig Jahren wurden zwei Waschbärpärchen aus Nordamerika bei uns ausgesetzt. Man wollte dieses Raubwildtier bei uns einbürgern. Das ist gelungen – leider so gut, daß die Jäger zusehen müssen, wie sie die fremden Räuber wieder loswerden. Waschbären sind gefährliche Nesträuber, und fünfzigtausend Tierchen können in einem Jagdjahr viele Gelege und Jungvögel erbeuten. So viele Waschbären sollen sich nämlich mindestens in unseren Wäldern aufhalten.

In Bayern, Hessen, Niedersachsen und Rheinland-Pfalz wird der Waschbär – wie der Fuchs – das ganze Jahr über bejagt. Nur wenn sie Junge aufziehen, dürfen Elterntiere weder mit Hilfe der Falle noch mit der Flinte erlegt werden.

Die Jahresstrecke liegt derzeit ungefähr bei dreitausend Waschbären. Es sollten mehr sein, da sich der Besatz alle drei Jahre verdoppelt und der Waschbär keine Feinde unter den Tieren hat. Es ist aber sehr schwierig, den Waschbären überhaupt zu Gesicht zu bekommen, da er nur nachts auf Beute geht und ein großartiger Baumkletterer ist.

Der Waschbär ist nicht nur Raubwild, sondern auch Pelztier. Es gibt einige Farmen, in denen die Tiere gezüchtet werden. Man nimmt an, daß aus hessischen Farmen einige Tiere entkommen sind.

Die Paarungszeit der Waschbären liegt in der Winterruhe, im Januar und Februar. Nach dreiundsechzig Tagen bringt die Bärin zwei bis fünf Junge auf die Welt. Sie sind behaart, aber blind. Ein ausgewachsener Waschbär ist ungefähr achtzig Zentimeter lang, einschließlich der quergebänderten Rute. Mit seiner großen schwarzen Nase und den Knopfaugen, den runden, weit auseinanderstehenden Ohren könnte das unbeliebte Raubtierchen für ein Plüschtier Modell stehen.

Der Allesfresser (Jungtiere, hier Früchte) taucht seinen Fraß in Wasser, bevor er ihn frißt. Durch diese Eigenart bekam der Waschbär seinen Namen.

Nachts wird der Waschbär munter.

Das Murmeltier

Das Murmeltier hat viele Namen: Murmeli, Mankei, Murmanndl und Murbel. In Deutschland lebt es nur dort, wo es auch für die Menschen am schönsten ist: in den Alpen und im Schwarzwald. In den Alpen ist das Murmel weit verbreitet – von Frankreich bis nach Niederösterreich. Im Schwarzwald wurden die Nager ausgesetzt.

Das Männchen heißt Bär, das Weibchen Katz und die Jungen sind die Affen. Von Oktober bis April liegen die Murmels im gut gepolsterten Kessel ihres Baues und halten Winterschlaf. Alle Eingänge sind mit Erde und Steinen gut verschlossen.

Morgens, wenn sie ihre Baue verlassen, äugen sie zunächst wachsam in die Runde. Dabei sitzen sie aufrecht auf den Hinterläufen und »sichern«. Sind Adler und Fuchs nicht zu fürchten, putzen sie sich, bevor sie zum Fressen übergehen. Wenn Murmeltiere äsen, sieht das recht gierig aus, sie mümmeln Klee, Wegerich, Löwenzahn und Schafgarbe sehr rasch und schlucken alles fast unzerkaut.

Weil es nur noch wenige gibt, hat man für das Murmeltier keine Jagdzeit festgesetzt.

Ende September: Das Murmel polstert seinen Bau mit Heu aus. Es ist die Vorbereitung für den langen Winterschlaf.

Die Nutria oder Sumpfbiber haben einen runden, beschuppten Schwanz und unterscheiden sich dadurch deutlich vom Biber mit der breiten Kelle.

Der Biber

Das größte europäische Nagetier lebte einst in allen Teilen Deutschlands. Heute gibt es nur noch zweihundert Tiere an der Elbe und einige ausgesetzte Paare an der schwäbischen Donau. Wie der Otter ist auch der Biber vom Aussterben bedroht. Abwässer, regulierte Flußläufe und Hochwasser sind die Feinde des fünfundzwanzig Kilogramm schweren Tieres. Es ist ganzjährig geschützt.

Wenn es sich auf dem Land bewegt, wirkt es sehr schwerfällig. Seine breite Kelle – das ist sein platter und beschuppter Schwanz – ist dann eine Art Sitzstütze. Der Biber hält sich viel lieber im Wasser auf – man merkt das an seinen wendigen Schwimmbewegungen.

Er muß auch im Wasser arbeiten: Er gräbt Baue ins Ufer und große Burgen aus Ästen und Baumstämmen. Die Burgen werden mit Schlamm zwischen den Zweigen und Ästen abgedichtet. Ein Gang der Burg liegt immer unter Wasser. Das ist der Fluchtweg. Und wenn der Biber Bäume fällt, dann nicht nur, weil er sich an Rinde und Holz satt fressen will, sondern hauptsächlich deswegen, weil die jüngeren Äste für ihn so schmackhaft sind. Mit seinem Nagegebiß zermalmt er die Holznahrung zu grobem Sägemehl.

Sumpfbiber, Biberratte oder Nutria

Das braune Pelztier ist weder mit dem Biber noch mit einer Ratte verwandt. Die Nutria stammt aus Südamerika und wird bei uns als Pelztier in Farmen gezüchtet. Aus diesen Farmen sind die Tiere in die freie Wildbahn gelangt. Unseren klimatischen Verhältnissen haben sie sich gut angepaßt – nur besonders strenge Winter sind für sie lebensbedrohend.

Zweimal im Jahr bringt die Nutria vier bis sechs Junge auf die Welt, die sofort schwimmen können. Wenn eine Nutria ihre Jungen säugt, sieht das sehr merkwürdig aus: Die Milchdrüsen liegen nämlich nicht am Bauch, sondern seitlich an den Flanken, aber sehr weit oben, fast auf dem Rükken.

Die Spuren der scharfen Nager des Bibers sind an der gefällten Birke deutlich zu erkennen.

Der Biber fettet seinen Balg.

Freunde der Natur: Der Jäger und der Tierschützer

Die gestörte Beziehung zur Natur, das durcheinandergebrachte Gleichgewicht kann nicht von heute auf morgen wieder eingerenkt werden. Es gibt ernsthafte und kompetente Leute, die selbst an der Möglichkeit zweifeln, daß Beziehung und Verhältnis je wiederhergestellt werden können, ohne daß eine Katastrophe weltweit zuvor unsere Menschengeneration dezimiert. Wir unternehmen in weiten Teilen unseres Planeten die offensichtlich auf diese Katastrophe ausgerichteten Anstrengungen.

Wir können mit wissenschaftlicher Exaktheit feststellen, in welchem Maße Erde, Luft und Wasser verschandelt, vergeudet und vergiftet werden. Wir nehmen diese Feststellung mit einer gewissen Resignation zur Kenntnis, denn die Maßnahmen, welche die Entwicklung aufhalten könnten, richten sich bedauerlicherweise direkt gegen unsere Bequemlichkeit, gegen unseren vielgepriesenen und mit gewaltigen Anstrengungen endlich erreichten hohen Lebensstandard. So sind wir also weder bereit, die letzten natürlichen Reserven zu schonen, noch unsere Ansprüche zu reduzieren. Wir leben auf Kosten der Zukunft und getrauen uns nur deshalb, unser Konto so stark zu überziehen, weil wir überzeugt sind, den zwangsläufig einmal notwendigen Ausgleich nicht selbst vornehmen zu müssen.

Die Jäger gehören in ihrem jeweiligen Gebiet zu jenen, die mit ihren bescheidenen Möglichkeiten, aber mit desto größerer Überzeugung und Beharrlichkeit, einer unglücklichen Entwicklung entgegenwirken, deren Auswirkungen sie unmittelbar und schmerzlich zu spüren bekommen.

Jede neue Straße in ein bisher noch »unerschlossenes« Gebiet bedeutet für das Wild einen neuen Eingriff in seinen Lebensraum, bedeutet Flucht von den gewohnten Äsungsplätzen und Einständen, bedeutet Tod unter Autoreifen für alle, die den gewohnten Wechsel nicht aufgeben wollen. Jede Ausweitung eines Wohngebietes und jede neue Ansiedlung bedeuten eine Einengung des Reviers, eine Verkleinerung des Gebiets, in dem sich das Wild bisher frei bewegen konnte, bedeutet Störung durch Mensch und Hund, bedeutet Unruhe und Lärm. Dennoch hat der Jäger dafür aufzukommen, wenn das Wild, vertrieben von seinen bisherigen Äsungsstellen, verstört durch die ungewohnte Beunruhigung, Schaden an Pflanzungen anrichtet, die es nicht mehr zu verlassen wagt.

Der Jäger hat umgelernt

Das gleiche gilt für die Aufforstungen, die, einseitig auf Ertrag ausgerichtet, als öde Monokulturen dem Wild weder Deckung noch Äsung bieten. Einsichtige Forstleute sind längst dazu übergegangen, den Wald nicht nur als Heimstätte des Wildes anzuerkennen, sondern dem Wild auch ein angemessenes Nahrungsangebot in die Pflanzungen einzuplanen. Mit dem Zaun um die Jungpflanzen, dem Verbißmittel auf den Zweigen und der Rechnungsstellung an den Jäger ist es nicht getan.

Einsichtige Jäger andererseits haben gelernt, darauf zu achten, daß der Wildbestand dem Nahrungsangebot des jeweiligen Gebietes angepaßt sein muß und daß die Errichtung von Futterstellen und ein lukullischer Speisezettel für sich allein nicht genügen.

Auch der Jäger hat umlernen müssen. Er stellt heute den freilebenden Tieren nicht mehr deshalb nach, weil sie »gefährlich« sind. Heute hat er darüber zu wachen, daß ihre Zahl nicht über das vertretbare Maß anwächst, daß Krankheiten oder Seuchen nicht aufkommen oder sich nicht verbreiten, daß der kleine Rest an ungestörten Lebensgemeinschaften nicht vernichtet wird und die Biotope, die die Existenzgrundlage einer Wildart bilden, erhalten bleiben. Heute hat er mitzuwirken, daß selten gewordene Tierarten geschützt werden.

Für dieses Ziel hat er manchmal Jagdgewohnheiten aufzugeben, die in der Vergangenheit einem Jäger Achtung und Anerkennung eingebracht haben, heute aber aus der Sicht der Erhaltung des natürlichen Gleichgewichts als falsch erkannt wurden.

Doch der Jäger hat sich heute nicht mehr allein mit den jagdbaren Tieren zu befassen. Er hat erkannt, daß Hunderttausende von Singvögeln die Schädlinge in Wald und Feld gründlicher vernichten als Wagenladungen von Chemikalien, daß zur Erhaltung des gesunden Bestandes der Singvögel – zur Selektion – aber auch die Greifvögel unbedingt notwendig sind. Daher wurde der absolute Schutz der Greifvögel von den Jägern – zumindest von der Mehrzahl – auch dort akzeptiert, wo es bisher zu den ausdrücklichen Aufgaben des Jägers gehörte, alles, was einen krummen Schnabel hat, zu erschießen.

Jetzt wurde es selbstverständlich, einen Krähenhorst von einem Falkenhorst unterscheiden zu lernen, aber auch mit dem Förster oder dem Bauern darüber einig zu sein, einen alten Obstbaum, seltene Horstmöglichkeit für Specht und Eule, stehen zu lassen, auch wenn er keinen nennenswerten Ertrag mehr liefert. Unversehens steht der Jäger neben anderen Naturfreunden, den Ornithologen, und er tut gut daran, ihren Eifer zu achten und zu unterstützen.

Was jeden Waidmann maßlos ärgert

Erschüttert hat der Jäger und der Ornithologe feststellen müssen, daß der totale Schutz der Greifvögel nicht unmittelbar zu einer Zunahme geführt hat, weil die Chemikalien, welche die Greife mit ihren Beutetieren aufnahmen, in vielen Fällen Sterilität oder Krankheit zur Folge hatten.

Der Jäger hat gelernt, auch dort zu verzichten, wo ihm Gesetz und Brauch das gute Recht zur Bejagung einer Tierart eingeräumt hatten. Auch die Wiedereinbürgerung ehemals heimischer Tierarten geht vielfach auf die Initiative der Jäger zurück. Wie sonst nirgends muß bei dieser Frage aber die Veränderung berücksichtigt werden, welche die seinerzeitige natürliche Umwelt erfahren hat. Wo noch seltene Flecken der einstmals unberührten Natur erhalten geblieben sind, hat der Jäger sich für ihren Schutz eingesetzt und ihre Erhaltung veranlaßt oder gefördert, auch wenn er in Kauf nehmen mußte, daß die Stille und Verschwiegenheit solcher Gebiete durch die enthusiastischen Äußerungen vieler Naturfreunde bald zerstört sein würde.

Hier hört für manchen besonnenen Waidmann die Freundschaft auf. Wenn er daran denkt, daß in aller Herrgottsfrühe sein Wild in kopfloser Flucht in die Einstände jagt, weil Touristen ihrer Lebensfreude unbeschwert und lautstark Ausdruck geben, wenn er beobachtet, wie Pilzsammler, Kamerajäger, Amateurforscher und Beerensucher gedanken- und ahnungslos durch die abgelegensten Einstände krabbeln, dann braucht er seine ganze Kraft und Beherrschung, um dem aufsteigenden Ärger nicht ebenso deutlich Luft zu verschaffen. Damit wäre allerdings – außer der momentanen Erleichterung – gar nichts erreicht.

In den meisten Fällen weiß der Tourist nämlich gar nicht, wie sehr sein Verhalten stört. Er hat keine Ahnung davon, daß das Wild genauso seine Lebensgewohnheiten hat wie er, daß es seine Plätze zur Nahrungsaufnahme, seine Wechsel und Einstände kennt und einhält, solange es nicht gestört wird, daß es bestimmte Jahreszeiten gibt, in denen es ganz besonders empfindlich reagiert.

Zusammenarbeit ist besser

Da hilft nur geduldige Aufklärung. Fast immer wird sie akzeptiert werden, weil der Tourist sich nicht sagen lassen will, er sei kein Naturfreund. Im Tone der Zurechtweisung vorgetragen oder »Unter Hinweis auf die einschlägigen Bestimmungen des Jagdgesetzes«, welche eine Störung der Jagdausübung untersagen, wird dem Jäger jedoch kaum Erfolg beschieden sein. Er wird anstelle eines »Naturfreundes« einen Jagdgegner mehr in seinen Revieren haben. Daß die Vermeidung von Störungen über das unvermeidliche Ausmaß hinaus auch davon abhängt, daß Wege gekennzeichnet werden und die Zufahrt eingeschränkt wird, versteht sich von selbst.

Die Zusammenarbeit mit Vereinen von Bergwanderern, Naturfreunden, Fischern und Tierschützern wird zwar hie und da eine Enttäuschung nicht ausschließen, ist aber auf jeden Fall einer A-priori-Gegnerschaft vorzuziehen, die nichts anderes als bestehende Vorurteile zementiert. Der Jäger betreibt aktiven Naturschutz und darf für weite Teile des Naturschutzes auch als Experte angesprochen werden.

Die Jagd liegt im Interesse des Naturschutzes

Im Interesse des gemeinsamen Anliegens muß er jede Gegnerschaft mit Leuten vermeiden, die nichts anderes wollen, aber über die freilebenden Tiere nichts oder nur wenig wissen. Dagegen muß sich der Jäger verwahren, daß die Jagd *trotz* des Naturschutzes erlaubt sei! Diese Feststellung bringt den Jäger in eine Gruppe mit den Gegnern des Naturschutzes oder doch zu jenen, welche den Schutz der Natur belasten oder erschweren. Die Jagd liegt im Interesse des Naturschutzes, der Jäger betreibt aktiven Naturschutz. An dieser Feststellung gibt es nichts zu deuteln. Eingestandenermaßen ist das Interesse des Jägers am jagdbaren Wild erheblicher als an anderen freilebenden Tieren. Aber immer mehr sieht auch der Jäger die Natur als Ganzes, das Zusammenwirken natürlicher Gegebenheiten als Grundvoraussetzung für die Existenz des Wildes.

Um uns Jäger und unsere Jagd verständlich zu machen, ist allerdings eine Voraussetzung unabdingbar: die gegenseitige Information. Gegenseitig bedeutet hier auch das Gespräch mit Gegnern, Kritikern und Zweiflern. Nur wenn die enge Verflechtung der Jagd mit dem Naturschutz, die Funktion des Jägers im Interesse der natürlichen Umwelt klar und zweifelsfrei dargestellt werden kann, können Vorurteile abgebaut und die im Interesse aller liegende Zusammenarbeit aufgebaut werden.

Die Jagd ist nicht »eine Welt für sich«, in der eine Eigengesetzlichkeit wider besseres Wissen die Entfaltung von Urinstinkten erlaubt. Der Schutz der Natur ist keine Aufgabe, die sich gegen die Jäger richtet, die Jagd kann sich ihrer Aufgabenstellung entsprechend auch nicht gegen den Naturschutz richten. Es kann also nicht das eine »trotz« des anderen betrieben werden, es kann nicht das eine betrieben und das andere »geduldet« werden. Eine solche Formulierung verrät eine Einstellung zur Jagd – oder zum Naturschutz –, die bereits im voraus die Bereitschaft zur Zusammenarbeit untergräbt. Die Bemühungen der Jägerschaft, zu einer solchen Zusammenarbeit zu kommen, sind nicht ein Versuch, sich anzubiedern, sondern ein Ausdruck der echten Überzeugung, daß nur das Zusammenwirken aller Kräfte, die mit Wald und Feld, Luft und Wasser, Fischerei und Jagd zu tun haben, der uns allen gemeinsamen natürlichen Umwelt eine Chance gibt.

Walter Oehry

»Jedes Tier ist mit dem gleichen Anspruch auf Leben geboren und hat dasselbe Recht auf Existenz.« So lautet der wesentliche Grundsatz der von der UNESCO herausgegebenen Charta der Tiere.

Wenn der Wald wild wachsen darf

Seit dreißig Jahren versucht die »Arbeitsgemeinschaft Naturgemäße Waldwirtschaft«, andere Forstleute, Waldbauern, Jäger und Revierinhaber von den Vorteilen des natürlichen Waldwuchses zu überzeugen. Erst jetzt, wo jedermann die bösen Folgen von Monokultur und Kahlschlag sieht, zeigt sich, daß hinter dem einst progressiven Schlagwort »Naturgemäße Waldwirtschaft« bittere Notwendigkeit steht.

Dort, wo die Welt noch »in Ordnung« ist, ist der Wald ein noch einigermaßen erhaltenes Ökosystem. Und dort, wo es noch (oder schon wieder) gesunde Wälder gibt, ist es die Aufgabe der Forstleute, diesen Lebensraum gesund zu erhalten und gleichzeitig so zu wirtschaften, daß der Wald seine vielfältigen Aufgaben erfüllen kann.
Zu diesen Aufgaben gehören vor allem die Holzproduktion und die Erhaltung der Wohlfahrtswirkungen, auch »Sozialfunktionen« genannt. Die wesentlichen Sozialfunktionen sind: Wasserspeicherung, Lärmschutz und Erholungsraum für die Bevölkerung.
Wenn der Wald als Ökosystem wieder gesund gemacht oder erhalten werden soll, muß er als Lebensraum einer reichhaltigen Tier- und Pflanzenwelt intakt bleiben. Nun hat sich aber im Laufe der letzten Jahrzehnte gezeigt, daß wir mit den Methoden der bisherigen »schlagweisen« Wirtschaft in einer Sackgasse landen. »Schlagweise« wird sie genannt, weil alles kahlgeschlagen und dann mit jungen Bäumchen eine Monokultur angelegt wird.
Jeder, der sich mit Fragen der Landwirtschaft beschäftigt, weiß, daß ein und dieselbe Ackerfrucht nicht häufig hintereinander angebaut werden darf, weil sonst der Boden müde wird, der Ertrag zurückgeht und die Schädlinge sich vermehren.
Wenn nur ein Hektar Fichtenbestand auf einen Schlag geerntet wird, entstehen durch die vielen frischen Stubben ideale Brutmöglichkeiten für holzbrütende Insekten, was zur Massenvermehrung und entsprechenden Schäden führt.
Und – durch Kahlschläge entstehen Schlagfronten: Die hohen Stämme stehen schutzlos im Sturm und können leicht vom Wind geknickt werden (Windbruch). Die Randstämme leiden an Rindenschäden und Pilzbefall durch Sonnenbrand. Die vermehrte Sonneneinstrahlung bewirkt auch Dürreschäden. Und auf der Freifläche der neuen Kultur siedeln sich Gras und Kräuter, die sogenannte »Schlagflora«, an – für Mäuse ideale Lebensbedingungen – und mit ihrer überstarken Vermehrung häufen sich die Schäden.
Diese und andere Nachteile verleiten dazu, mit chemischen Mitteln gegen tierische und pflanzliche Schäden zu kämpfen, obwohl das Mißtrauen der Öffentlichkeit gegen die Anwendung von Gift und Chemie in der Land- und Forstwirtschaft ständig wächst. Es ist daher nicht verwunderlich, daß sich schon seit Jahrzehnten Forstleute und Waldbesitzer immer stärker dafür einsetzen, im Wald weniger einseitig zu wirtschaften.
Es wäre schön, wenn alle kostenlos verfügbaren Möglichkeiten der Natur dafür eingesetzt werden würden.
Vor rund dreißig Jahren fanden sich interessierte Forstleute, Wissenschaftler und Waldbesitzer zusammen und gründeten die »Arbeitsgemeinschaft Naturgemäße Waldwirtschaft«. Inzwischen zeigen zahlreiche Beispielbetriebe, wie man ohne Kahlschlag wirtschaften kann.
Mischbestände sind wesentlich stabiler und gesünder als ein Forst aus nur einer Holzart. Das tierische Leben ist hier vielfältiger, so daß auch ein besseres biologisches Gleichgewicht herrscht. Massenvermehrungen einzelner Arten sind viel seltener.
Es ist wichtig, beim Holzeinschlag langsam und organisch vorzugehen. Es darf nicht heißen, »weil du 140 Jahre alt bist, mußt du sterben«, sondern es dürfen immer nur einzelne Stämme geschlagen werden, auf der Flächeneinheit vielleicht fünf bis zehn Prozent. Nur dann entwickelt sich der Wald kontinuierlich. Das Waldinnenklima wird erhalten und verbessert. Die Bodengare bleibt in Ordnung. Der Baumnachwuchs ist durch die natürliche Ansamung gesichert. Das Licht gelangt wohldosiert auf den Boden.

Der zweijährige Rehbock wird im Wald nicht schälen, wenn das Äsungsangebot ausreicht.

Das Gras kann sich nicht so stark ausbreiten, daß die Mäuse zur Plage werden.
Wenn das benötigte Holz nicht mehr per Kahlschlag geerntet wird, muß der Forstmann oder Waldbauer jährlich größere Flächen durchforsten, alle lohnenden Bestände in einem gewissen Turnus ernten. Der Baumbestand wird dadurch immer wieder aufgelokkert, örtlich auch aufgelichtet. In diesen Lichtungen gedeiht in erstaunlichem Maße natürlicher Jungwuchs; es kommt zur »Naturverjüngung«, wie der Forstmann sagt.
Je nach Lichteinfall wächst diese junge Generation mehr oder weniger schnell in die Höhe. Dadurch bilden sich verschieden große und dichte Gruppen und Horste. Die ursprünglich einheitliche Großfläche wird allmählich stärker aufgegliedert. Das Waldgelände wird zunehmend unübersichtlicher, aber auch viel schöner durch die Mischung von großen und kleinen, dicken und dünnen Bäumen, von Laub- und Nadelholz.
Für den Forstmann hat die Naturverjüngung auch eine wirtschaftliche Bedeutung: Sie hilft Pflanzkosten sparen, und da die Jungwuchshorste wie Kulissen auf den Wind wirken, bleibt die Luftruhe erhalten. Auch geringe Niederschläge sichern dann die Luft- und Bodenfeuchtigkeit, so daß die Wuchsbedingungen sich wiederum verbessern. Wie stark die Feuchtigkeit im Waldinnern festgehalten wird, kann jeder Autofahrer feststellen: Während die freiliegende Straße nach dem Regen schon völlig trocken ist, glänzt die im oder am Wald liegende noch eine Weile durch Nässe.
So wird die Naturverjüngung gefördert, wenn man das Kronendach regelmäßig auflockert, wenn die Bodengare erhalten und verbessert wird und wenn der Feuchtigkeitshaushalt stimmt.
Mit der Naturverjüngung wächst auch eine neue Kraut- und Strauchflora, und dadurch bieten wir dem Wild mehr Äsung – vor allem Knospenäsung.
Eine gute Kronenpflege läßt die Bäume auch öfter fruchten: Es gibt sogenannte »Sprengmasten« bei Buche und Eiche, zusätzliches Futter für das Wild. Und jeder Jäger weiß, wie gern Bucheckern und Eicheln vom Wild im Winter bis zum Frühjahr aufgenommen werden.
Alte Laubholzbäume lassen wir in Trupps und auch einzeln lange stehen. Einmal, weil sie gute Samenträger sind, aber auch, weil sie Sturmschäden verhindern helfen und natürlich auch aus Qualitätsgründen. Furniereichen von sechzig, siebzig und achtzig Zentimeter Brusthöhendurchmesser sind die wertvollsten Bäume, die wir im Wald haben, und ihre starken Kronen werfen auch die meisten Samen.
Es kann sich jeder leicht vorstellen, welche Bedeutung einzeln eingesprengte Alteichen in Mastjahren, denen außerdem ein schneereicher Winter folgt, für die Wildernährung haben.
In unserem Forst bildeten sich unter alten Eichen nach den letzten Eichelmasten grüne Augen in ziemlich geschlossenen Beständen. Obwohl das Wild die Eicheln sehr stark aufnahm, standen die jungen Eichen dicht wie im Saatbeet. Zusätzliche Äsung bieten auch die Eichenstockausschläge, die – nach einer Durchforstung – immer reichlich austreiben. Regelmäßige Pflegehiebe sind notwendig. Sie erhöhen das Angebot, übrigens in gleicher Weise bei der Linde und, durch reiche Wurzelbrut, bei der Aspe.
Der natürliche Jungwuchs im naturgemäß bewirtschafteten Wald hängt in erster Linie von den klimatischen und standortlichen Verhältnissen ab. Wenn auf kleinstem Raum alle Altersklassen nebeneinander wachsen, dann ist der Waldwuchs ideal und entspricht genau der von uns angestrebten Form des Plenterwaldes. 1970 betrug die sogenannte »überschießende Jungwuchsfläche« in meinem Revier über 28 Prozent der Revierfläche: Auf über einem Viertel des Waldes entstand unter dem mittleren und alten Holz zusätzlich eine geschlossene Jungwuchsdecke.
Man muß sich einmal vorstellen, wie bescheiden dagegen das Angebot einer reinen Fichtenbestockung ausfällt. Nur im Stadium zwischen Altholzabtrieb und dem Sichschließen der nachfolgenden Kultur zur Dickung – das heißt auf zehn bis fünfzehn Prozent der Fläche – gibt es eine Knospenäsung. Aber auch das Angebot an anderen Äsungspflanzen ist entsprechend eingeengt. Die Schneisen reichen als Ersatz nicht aus, weil das Wild im Winter die Knospenäsung nicht entbehren kann. Durch ein breites Äsungsangebot würde sich der Verbiß auf eine viel größere Fläche verteilen und wäre dadurch viel weniger schädigend – vorausgesetzt, daß der Schalenwildbestand nicht überhöht ist.
Der zusätzliche Jungwuchs auf großer Fläche bietet dem Wild nicht nur die bessere Ernährung: Wenn die Bäume Meter- und Mannshöhe erreicht haben, sind sie wertvolle Deckung und Einstand. Das Rehwild kann hier, ohne die Deckung verlassen zu müssen, fast zu allen Jahreszeiten in aller Ruhe äsen. Diese günstigen Lebensbedingungen fördern den Bestand in erstaunlicher Weise, das Rehwild vermehrt sich in solchen Revieren stärker.
Die stärkere Vermehrung ist vielleicht »vegetativ« bedingt – durch die Anzie-

hungskraft der günstigsten Vegetation. Die Tiere wechseln in das für sie günstigere Revier und außerdem mag es höhere Setz- und Aufzuchtquoten durch die besseren Lebensbedingungen geben.

Nicht jeder Verbiß ist schädlich

Der Rehwildverbiß kann sich im Einzelfall durchaus nützlich auswirken. Dort, wo Hainbuche und Buche gemischt stehen, werden die Hainbuchen vom Wild wesentlich stärker angenommen, was die wertvollere Rotbuche begünstigt. Ähnlich wirkt der Verbiß der sonst sehr schädlichen Wühlmausarten, die auch die Hainbuche bevorzugen.

Die natürlich angeflogene Fichte wird vom Schalenwild – besonders vom Rehwild – viel weniger verbissen als die gepflanzte, denn die große dicke Gipfelknospe einer Pflanzfichte auf der Freifläche wirkt einladender und lohnender als die winzige Gipfelknospe einer Anflugfichte.

Der Mischwald ist aus vielen Gründen der bessere Wald. Eine ideale Mischung ergibt sich aus Kiefer und Buche. Ihre natürliche Mischverjüngung ist ziemlich problemlos. Die Pflanzung reiner Kiefernflächen, in die später die Buche als Schattholz und zur Ergänzung unterbaut wird, ist sehr gefährdet: Es ist verblüffend und ärgerlich, mit welcher Konsequenz ein einzelner Mümmelmann eine lange Pflanzreihe, Buche für Buche, so gründlich verbeißt, daß man meint, es habe jemand mit der Baumschere gearbeitet. Die künstlich eingebrachte Baumart hat es schwer.

Im naturgemäßen Wald toleriert der Forstmann auch Misch- und vor allem Weichhölzer, wie Birke, Weide, Aspe und Eberesche, was nicht nur dem Wild zugute kommt, sondern auch forstliche Vorteile hat.

Ich will nicht so tun, als ob »naturgemäße« Waldfreunde die Schönheit des Waldes und die besseren Lebensmöglichkeiten des Wildes selbstlos fördern würden. Wir haben dabei immer auch ein handfestes wirtschaftliches Interesse im Auge.

Wertvoller alter Baumbestand und in den Lichtungen entsteht Jungwuchs.

Es wird zuviel gespritzt: Nicht weniger als 822 Arten von Farn- und Blütenpflanzen sind in der Bundesrepublik verschwunden.

Es ist aber erfreulich und beruhigend zugleich, daß sich das eine mit dem anderen so schön ergänzt und allen Beteiligten nutzt.

Die Weichhölzer sind übrigens auch Blitzableiter für das Fegebedürfnis von Hirsch und Bock, wenn es leider auch noch nicht gelungen ist, Blutlinien zu entdecken oder zu selektieren, die statt Lärche, Douglasie und Kiefer nur noch Eberesche und Weide verfegen.

Wo die schöne und von den meisten Waldbesuchern geliebte Birke wachsen darf und nicht als »forstliches Unkraut« und »Peitscher« bekämpft wird, gibt es für den Forstmann auch angenehme Überraschungen, an die er im Traum nicht gedacht hat: In einem neu übernommenen Revier war die Fichtenmonokultur reichlich mit Birken besetzt. Der örtlich zuständige Förster bedrängte mich, aber ich ließ die Birken nicht bekämpfen. Und – siehe da – schon nach zwei bis drei Jahren entwickelten sich diese Birken zu Ammen: Unter ihrem Schutz entwickelten sich angeflogene Kiefern und Lärchen. Der natürliche Nadelholzwuchs konnte sich prächtig entwickeln, weil die Birken mit ihren sperrigen und locker stehenden Seitenästen Fege- und Verbißschäden abhielten. So sorgt die Natur – wenn man ihr nicht zu sehr ins Handwerk pfuscht – für eine nachträgliche Korrektur menschlicher Einseitigkeit.

Ein besonders leidiges Kapitel ist der Schälschaden des Rotwildes. Es gibt örtlich Ausmaße, die den Anbau mancher Wirtschaftsholzart praktisch verbieten. Am Beispiel der heimgesuchten Fichte möchte ich aufzeigen, wie eine biologische und ganz natürliche Lösungsmöglichkeit aussehen könnte.

Es gibt im Oberharz im Forstamt Oderhaus ein Wasserschutzgebiet, das die Odertalsperre speist. Für dieses Waldareal wurde schon vor etwa dreihundert Jahren der Kahlschlag verboten. Im Laufe der Jahrzehnte hat sich hier ein Fichtenplenterwald entwickelt, in dem auf der Flächeneinheit alle verschiedenen Altersgruppen wachsen, und in diesem Fichtenwald – mit dem ungleich alten Baumbestand – sind die Rotwildschäden überhaupt kein Problem mehr.

Wie ist das möglich?

Auf lichten Stellen sammelt sich die Fichte in meist sehr dichten Gruppen und Horsten an. Der Forstmann sagt: »Dicht wie Haare auf dem Hund!« Nun differenziert sich dieser Jungwuchs unter dem Halbschatten der höheren und älteren Bäume in der Weise, daß aus einer Gruppe eine oder zwei Fichten schneller als die umstehenden wachsen, so daß ihr Vorsprung allmählich einen bis mehrere Meter beträgt. Gleichzeitig umgeben aber die

zurückbleibenden Nachbarfichten den Vorwuchsbaum so dicht, daß der gleiche Effekt wie beim künstlichen Einbinden eintritt: Das dichte Reisig schützt den Stamm vor Schälschäden des Rotwildes. Das ist »biologischer Schälschutz«.
Eine Umstellung des Forstbetriebes von der Monokultur auf die Plenterstruktur hat nur einen Nachteil: Es dauert verhältnismäßig lange Zeit. Aber die genannten und viele andere Vorteile eines Plenterwaldes für Wald und Wild verdienen von den Forstämtern stärker beachtet zu werden. Man sollte sich nicht scheuen, größere Flächen so schnell wie möglich zu verändern und eventuelle Pläne dafür nicht in eine ferne Zukunft zu schieben.

Ist der Zaunschutz für Kulturen überflüssig?

Für viele Leute, die sich nicht genau informiert haben, ist der Zaun ein unverzichtbares Requisit des naturgemäßen Waldanbaus.
Ob der Jungwuchs durch einen Zaun geschützt werden muß oder nicht, hängt jedoch weitgehend vom Verhältnis der Wilddichte zum Äsungsangebot ab. Das vervielfachte Jungpflanzenangebot macht Zäune ganz oder teilweise überflüssig. Dafür gibt es überzeugende Beispiele. In meinem Revier kommen immer mehr Baumarten außerhalb des Zaunes hoch, die nur schwach oder gar nicht verbissen werden. Das sind Bäume, die es früher bei geringerem Angebot nicht geschafft hätten.
Ein gutes Beispiel ist das naturgemäß bewirtschaftete Privatforstamt des Grafen Bernstorff in Gartow in Niedersachsen. Der Standort verlangt dort hauptsächlich Kiefer und Douglasie. Die Kiefer fliegt so zahlreich an, daß eine Zäunung überflüssig ist, und die Douglasie wird als zusätzliche Wirtschaftsholzart künstlich so stark eingebracht, daß sie für das Wild auch uninteressant geworden ist.
Es gibt noch eine Schwierigkeit: Das ist die ungenaue Erfassung des Wildbestandes. In einem naturgemäß bewirtschafteten Revier ist sie vor allem bei Rehen nicht einfach. Der Bestand wird stark unterschätzt, zum Teil deswegen, weil das Rehwild weniger als anderswo aus der Deckung zur Äsung aufs Feld wechselt.
Die Anziehungskraft eines naturgemäßen Waldanbaues auf das Wild kann für die Nachbarreviere sehr problematisch werden, denn wenn diese selbst wenig Deckung oder wenig Äsung – oder gar beides – bieten, wird ihr Jagdwert durch Abwanderung abnehmen. Diese Entwicklung könnte aufgehalten oder sogar umgekehrt werden, wenn auch die umliegenden Waldbezirke auf naturnahe Bewirtschaftung umstellen und dadurch allmählich wieder in der Gunst des Wildes steigen.
Ein natürlicher Waldaufbau ist für einzelne Wildarten so wichtig, daß er zur wesentlichen Voraussetzung für das Überleben einer Art werden kann. Ich denke hier vor allem an das Auerwild. Forschungen der letzten Jahrzehnte haben gezeigt, daß ein stufig gemischter Nadelholzwald mit Beerkraut dem idealen Auerwildbiotop am nächsten kommt. Der Hahn braucht den alten starkkronigen Nadelbaum zum Balzen. Henne und Küken suchen in den kegelförmigen Anflughorsten von Fichte und Tanne Deckung, und die kulissenartige Gliederung des Waldes erschwert dem Habicht die Übersicht. Er ist der gefährlichste natürliche Feind des Auerwildes. Im badischen Schwarzwald-Forstamt Villingen sind diese Bedingungen offensichtlich am besten erfüllt: Der Auerwildbestand weist seit Jahren eine zunehmende Tendenz auf.
Vom Haselhuhn ist bekannt, daß es sich bei uns noch am liebsten im Stockausschlagwald der Hauberge aufhält. An anderen Stellen ist ihm die radikale Umwandlung über den Kahlschlag zum Nadelforst zum Verhängnis geworden. Die naturgemäße Methode, die den Kahlschlag umgeht, bei der es Laubhölzer und eine mehrstufige Mischung gibt, richtet weniger Schaden an.
In der naturgemäßen Waldwirtschaft ist nicht das Alter eines Stammes Kriterium für die Ernte, sondern seine Zuwachsleistung und seine Qualität. Gesunde Bäume werden dadurch viel älter.
Das bedeutet, daß es alte und starke Stämme wieder zahlreicher im Wald gibt. Das bedeutet auch, daß die Forstämter sich nicht um zusätzliche Schutzmaßnahmen, wie zum Beispiel bei den bedrohten Höhlenbrütern Hohltaube und Rauhfußkauz, kümmern müssen. Und die Horstbäume von Greifvögeln bleiben länger stehen. Alle Höhlenbrüter haben zahlreiche und bessere Brutmöglichkeiten, und gleichzeitig verbessert der alte Baumbestand die Überlebenschancen der bedrohten Fledermausarten.
Auch für die Forstwirtschaft sind die vielen natürlichen Bruthöhlen nützlich. In alten Eichbäumen finden sich an den starken Seitenästen der Kronen viele Astlöcher, die Stare gern zum Brüten beziehen, und der Star ist ein eifriger Vertilger des Eichenwicklers. Die Raupen dieses Kleinschmetterlings fressen in manchen Jahren ganze Bestände frisch ergrünter Eichen gleich im Mai kahl. Die Stare sind hier die Gesundheitspolizei.
Wenn Brutbäume und Unterschlupfmöglichkeiten erhalten und keine Giftmittel gespritzt werden, so wirkt sich das auf den naturgemäßen Wirtschaftswald nur positiv aus, denn dann gibt es auch keine vergifteten Beutetiere mehr, und eines Tages kann dadurch vielleicht auch der erschreckende Rückgang des Sperbers von einer langsamen Bestandszunahme abgelöst werden.
Es ist beschämend – und hier sage ich gewiß nichts Neues –, wie lange wir gebraucht haben, um die wichtige regulierende Rolle zu erkennen, die die verschiedenen Greifvögel im Haushalt der Natur spielen. Wenn eine Art verschwindet, nimmt die andere überhand. Das Beispiel Wanderfalke – Ringeltaube sagt genug.
Wenn der Wald wild wachsen darf, ist es auch möglich, die Artenvielfalt ausgewogen zu erhalten.

Ihm geht es gut: Der Rothirsch im Bast hat genügend Äsung. Mit Vorliebe nimmt er Gras auf. Er braucht aber auch zähe Äsung, junge Triebe von Hölzern und Sträuchern.

Schälschäden treten überall dort auf, wo nicht genügend Gras und Knospen wachsen – oder wo der Bestand so reduziert worden ist, daß sich keine Rudel mehr bilden können.

Da wird's dem Jäger heiß

Wie wirkt sich nun aber die naturgemäße Waldwirtschaft auf die Jagd aus? Man kann das mit einem Wort sagen: Erschwerend!
Zum Vergleich möchte ich wiederum ein schlagweise bewirtschaftetes Revier heranziehen, ein Revier mit einer Äsungsfläche von zehn oder höchstens fünfzehn Prozent. Jeder kann sich vorstellen, daß sich hier Rehwildjagd auf und an den Kulturen und Dikkungen abspielt, meist vom Ansitz aus. Ich entsinne mich, daß ich selbst vor vielen Jahren – etwa 1960 – in einem Sommer an einer großen Fichtenkultur nicht weniger als fünf oder sechs Abschußböcke erlegt habe. Immer wieder zieht das Wild – vor allem innerhalb größerer Waldkomplexe – zu solchen Flächen.
Im naturgemäßen Wald mit seinen vielen Möglichkeiten ist das anders. Sicher, man wird auch hier vor allem an Wechseln nicht auf die Ansitzjagd verzichten können. Aber es ist wesentlich schwieriger, zum Erfolg zu kommen. Doch erst der Erfolg krönt die Jagd.
Die Pirsch, vor allem die Frühpirsch, kommt wieder zu ihrem Recht. Ältere Böcke scheinen die Deckung überhaupt nicht mehr zu verlassen. Nur in

der Blattzeit, wenn die heimlichen alten Herren einen Nebenbuhler verfolgen oder wenn sie beim Treiben ihre Vorsicht vergessen, hat der Jäger eine Chance.
Wo aber das Rotwild in Ruhe lebt, wird es auch tagsüber in den locker gestellten, stufig aufgebauten Bäumen auf den Läufen sein, weil es hier nie ganz ohne Deckung ist. Außerdem findet das Wild stets etwas Äsung, im Unterschied zu den Stangenhölzern, wo kein Kraut und kein Grashalm sprießt.
Allgemein kann man sagen, daß die Jagd im naturgemäßen Wald schwerer kalkulierbar ist, weil das Wild Einstand und Äsung zur Auswahl hat, es muß jedoch für jeden Jäger besonders reizvoll sein, sich den wechselnden Erfordernissen anzupassen.
Es kommt wieder darauf an, daß der Jäger seine Sinne schärft, lautlos anpirscht und seine Jagdfähigkeiten an der Wachsamkeit des begehrten Wildes messen kann.
Das strengt an. Das fordert Schweiß. Aber die Freude über den endlich doch erreichten Jagderfolg im schwierigen Plenterwaldrevier ist größer, viel größer.

H. G. Hasenkamp

Moos, Buchenlaub und morsches Holz: Nur dort, wo der Wald nicht »aufgeräumt« wird, kann sich im Laufe der Jahrzehnte ein gesunder Waldboden entwikkeln.

In Licht und Luft kann die Pflanze wachsen, der Sämling gedeihen. Unterschiedlich hohe Laubbaumkronen lassen die Sonne so durchscheinen, daß sich junge Triebe, Leckerbissen für das Rehwild, gut entwickeln. Der Forstmann nennt das »Naturverjüngung«.

Die Eulen und der Uhu

Diese sechs Plüschtiere möchten einmal Waldohreulen werden. Die Eltern sind auf Mäusejagd oder sie streichen – wie oft am frühen Abend – gesellig am Waldrand entlang. In achtundzwanzig Tagen wurden diese Jungen ausgebrütet. Wenn sie einmal groß sind, wiegen sie 270 bis 350 Gramm und haben eine Flügelspannweite von fünfundneunzig Zentimeter.

Der Uhu ist unsere größte Eule. Er ist doppelt so groß wie die Waldohreule und wiegt fast das zehnfache, nämlich rund dreitausend Gramm. Das seltene Tier war schon fast ausgestorben. Der »Auf« hat lange Federohren und seinen brennenden Augen entgeht nichts: Er schlägt Mäuse, Ratten, Igel, Krähen und Kaninchen.

Eulen, der Uhu und die Käuze – sie gehören alle zur Familie der Eulen. Da gibt es einmal die Eulenfamilie mit Federohren und die ohne Federohren. Der Uhu, die Waldohreule und die Sumpfohreule sind die Eulen mit Federohren. Schleiereule und alle Käuze gehören zur Eulenfamilie ohne Federohren. Eulen werden Nachtgreifvögel genannt, sind aber mit den Greifen nicht verwandt.

Kein Vogel sieht so putzig aus wie eine Eule. Wenn sie unbeweglich im Geäst sitzt und auf Beute lauert, schauen die großen Augen unentwegt in dieselbe Richtung. Eulen können ihre Augen nicht bewegen. Aber dafür können sie ihren Hals – ohne daß der Körper mitgeht – so verdrehen, daß das Gesicht hinten ist.

Der »komische Vogel« hat ein seidiges, luftdurchlässiges Gefieder, so daß er geräuschlos durch die Lüfte fliegt. Das besonders feine Gefieder im Gesicht ist kranzförmig und bildet eine Art »Schleier«. Die »Bartfedern« verstecken den größten Teil des scharfen, kurzen, krummen Schnabels. Dadurch sehen die meisten Eulen auch so unschuldig aus, als ob sie keinem Tierchen ein Leid zufügen könnten. In Wirklichkeit vertilgt ein Eulenpaar, vor allem wenn es Junge hat, mehr Mäuse als zehn Katzen zusammen.

Der Uhu nimmt auch größeres: Ratten, Igel, Kaninchen, Junghasen, und er soll sich sogar auf Rehkitze stürzen. Er ernährt sich auch von Vogelkollegen: Hühnervögel, Krähen, Drosseln, Falken und Bussarde.

Wer einmal einen mit offenen Flügeln dahinsegelnden Uhu gesehen hat, traut es ihm auch zu. Er hat eine Spannweite von hundertsechzig Zentimetern, das Weibchen sogar noch zehn Zentimeter mehr, und weil der wunderschöne, majestätische Vogel so groß und »fürchterlich« war, ist er in manchen Bundesländern auch schon ausgestorben. 1971 kam er auf die Liste der besonders gefährdeten Vogelarten. Mehr als sechshundert Junguhus wurden in Wildgehegen, in Zoos und von Privatpersonen gezüchtet, und die »Aktion zur Wiedereinbürgerung des Uhus im Bundesgebiet« hat sie auf die einzelnen Bundesländer verteilt. In der Eifel, im Weserbergland, im Donautal und im Harz haben die eingebürgerten Uhus wieder einen artgerechten Lebensraum gefunden. Es geht wieder aufwärts mit dem »Auf«; das ist der weidmännische Name für den Uhu.

Der Vogel des Jahres

Die Schleiereule ist nicht in Gefahr: So dachte man bis 1977. Der Deutsche Bund für Vogelschutz fordert aber nun stärkeren Schutz für die Schleiereule. Sie wurde in die Rote Liste aufgenommen, die alle Vogelarten enthält, die vom Aussterben bedroht sind und für deren Weiterbestand etwas getan werden muß.

Noch zu Brehms Zeiten galt sie als häufigste und bekannteste Eulenart, »da sie dazu übergegangen ist, ihr Heim in den Wohnungen und Bauwerken der Menschen aufzuschlagen«. Es war wirklich so: Jeder größere Bauernhof, zumindest jedes Dorf, hatte »sein« Schleiereulenpaar. Das Eulchen mit dem herzförmigen Gesichtsschleier war auf dem Land ein gewohnter und geschätzter Hausgenosse. In Haus, Dachboden und Scheune konnten sich die Mäuse nicht halten. Die Schleiereule schnappte sie alle; in einer einzigen Nacht kann sie bis zu sieben mittelgroße Mäuse verschlucken.

Die Schleiereule hat heute aber zwei Feinde, denen sie nicht gewachsen ist: In den modernen Gehöften gibt es in den Scheunen kein Eulenloch mehr, hinter dem die Schleiereule ihr Nest bauen kann, und auch die Kirchtürme auf den Dörfern sind heutzutage dicht, der Tauben wegen. Die Schleiereule hat dadurch keine Nistmöglichkeiten mehr.

Es gibt noch einen weiteren Feind: das Gift, die Pestizide oder – wie die Hersteller das nennen – »Pflanzenschutzmittel«. Die Schleiereule nimmt über die Mäuse das Gift auf, wird dadurch unfruchtbar oder legt Eier, aus denen keine Jungen schlüpfen.

Die schöne Schleiereule mit den schwarzen Augen würde wieder in die Giebel ziehen, wenn man ihr ein »Türchen« offen ließe.

Was das Gewölle verrät

Alle Greifvogelarten spucken oder würgen einen wurstförmigen Klumpen heraus, den man das Gewölle nennt. Das Gewölle sind die Rückstände des Fraßes. Größe, Farbe und Zusammensetzung des Gewölles verraten den »Herauswürger«. Eulen spucken ein Gewölle mit gut erhaltenen Knochen. Es kommen sogar ganze Mäuseschädel wieder hervor. Eulen können die Knochen im Magen nicht zersetzen; sie produzieren keine Salzsäure wie die Greifvögel.

Gewölle wird auch noch von Störchen, Möwen, Reihern und Rabenvögeln ausgestoßen.

Eulen gibt es nur bei Nacht

Die großen, eng beieinanderliegenden Augen sehen auch bei Nacht so scharf, daß ein unter dem Baum huschendes Mäuschen von der Eule erspäht wird. Selbst wenn sich das Mäuschen unsichtbar machen könnte, die Eule hört und ortet sofort feinstes Knistern. Sie hat eine Art Ohrmuschel, eine Ohrfalte, die mit einem steifen Federkranz besetzt ist.

Man sagt, die Sinnesorgane der Eule sind für die Nacht gemacht, aber natürlich hört sie am Tag genauso gut – doch wenn sie sich am Tag sehen lassen würde oder ein U-u-u-u von sich gäbe, würden alle anderen Vögel ein wildes Gezeter beginnen, besonders Greifvögel, Kleinvögel und Krähen.

In Tiersachbüchern steht übereinstimmend: »Die Eule wird von den anderen Vögeln beschimpft, sie schämt sich und zieht sich dann sofort zurück.« Das ist sicher zu »menschlich« gesehen. Sie schläft am Tag in ihrem Horst, den sie übrigens nicht selbst baut, sondern von anderen Vögeln übernimmt und weiter ausbaut. Dort legen die Eulen auch ihre Eier ab. Nur die Sumpfohreule scharrt sich eine Vertiefung in den Boden und legt ihre Eier dort hinein.

Der Steinkauz hat eine Grille gefangen und fliegt in seine Baumhöhle. »Kuwitt, Kuwitt«, ruft der kleine Höhlenbewohner und manchmal kommt sein Rufen auch aus altem Dorfgemäuer. Er jagt im offenen Gelände, manchmal sogar am Tag. Das höchstens zweihundert Gramm leichte Eulchen fängt sich dann Würmer und Insekten.

Der Rauhfußkauz sieht dem Steinkauz ähnlich. Sein Kopf ist schon der halbe Kauz, so groß ist er. Das putzige Käuzchen lebt nur noch in wenigen Bundesländern.

Der Waldkauz lebt in Wäldern, Parks und auch mitten in der Stadt (Seite 146).

»Ich bin der Kleinste von allen«, und damit hätte er recht, wenn er sprechen könnte. Der Sperlingskauz ist kleiner als ein Star, aber mindestens so frech wie ein Spatz. Er jagt nicht Fliegen und Mükken, was bei seiner Größe normal wäre, sondern schlägt kleine Vögel im Flug.

Flugbilder und Fänge

Schwarzer Milan

Roter Milan

Mäusebussard

Habicht

Wanderfalke

Turmfalke

Baumfalke

Sperber

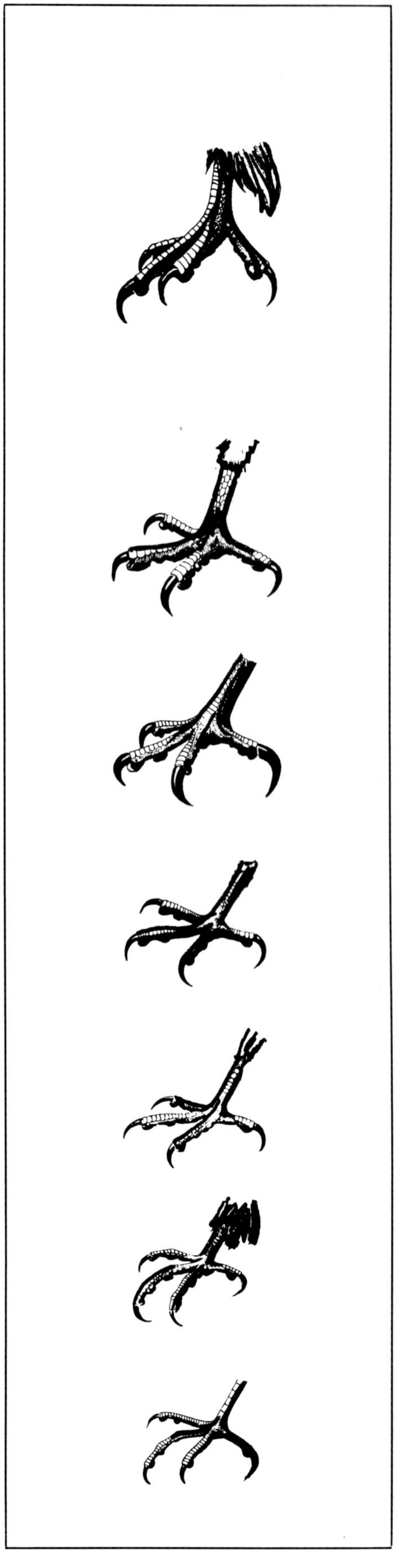

Die Greifvögel

Der Greif war der Schädling im Niederwildrevier. Der Vogel mit dem krummen Schnabel mußte ausgerottet werden, damit Singvögel und »Nutzwild« von ihm nicht dezimiert werden konnten.
Aber es hat immer Jäger gegeben, die die Schönheit und die Existenzberechtigung dieser Tiere anerkannt haben. Heute sind alle Krummschnäbel ganzjährig geschont, und inzwischen weiß man auch, daß der Mensch der bessere Jäger ist. Siebzig Prozent geht den Greifen daneben: Sieben von zehn Beuteflügen sind Fehlflüge.
Die tollkühnen und zielsicheren Sturzflüge gibt es aber wirklich, beim Fischadler zum Beispiel. Er läßt sich wie ein Stein ins Wasser fallen und steigt, wild mit den Flügeln schlagend, in die Luft. Mit einem zappelnden Fisch in den Fängen. Der Wanderfalke zischt wie ein Pfeil durch die Luft und schlägt die fliegende Taube, und ein aufregender Anblick ist der im Tiefflug um die Ecke jagende Habicht, der den Junghasen in der nächsten Sekunde stoßen wird.
Der beuteschlagende Greif ist ein Naturschauspiel, das natürlich hauptsächlich dem Jäger vorbehalten ist. Es darf keinen wundern, daß der Jäger den Raubvogel als Konkurrenten ansah. So habgierig wie ihr Ruf sind aber nicht alle Greifvögel. Der Milan läßt lieber jagen: Er verfolgt andere Greife und raubt deren Beute. Auch der starke Adler bemüht sich nicht gern selbst: Er nimmt verendetes Wild als Fraß, zum Beispiel von Lawinen getötete Tiere.

Der Fang des Mäusebussards ist nur für die Kleintierbeute geeignet. Aber er kröpft auch Luder, wie hier auf dem Bild. Der Mäusebussard hat sich seiner veränderten Umwelt angepaßt. Im Dauersitz harrt er an der Autobahn auf das Niederwildopfer. Es lohnt sich. In einem Jahr werden im Straßenverkehr zum Beispiel rund hundertvierzigtausend Hasen von Autofahrern »erlegt«.

Der Steinadler lebt in den Alpen und klaftert zwei Meter.

Das Jagen ist für alle Greife sehr anstrengend. Konzentration, Verfolgung des Wildes und der Jagdflug selbst erfordern einen hohen Energieaufwand. Die Greife müssen daher den Kraftverbrauch so niedrig wie möglich halten. Instinktiv zieht deswegen auch das »lahme« Wild die Greife an. Ein Kitz, das krank oder verletzt ist, lockt den Greifen an. Hier wittert der Vogel die sichere Chance. Um ein gesundes Tier zu schlagen, bedarf es mehrerer Anflüge, größerer Kraft und außerdem noch des Jagdglücks.

In einem gesunden Biotop ist der Greifvogel in keinem Fall ein Räuber, sondern ein Regulator. In einem gesunden Biotop – in einer Landschaft, in der durch die Umweltbedingungen keine der Tierarten gefährdet ist.

In allen Ländern der Bundesrepublik sind alle Greifvögel ganzjährig geschont. Aber – in Niedersachsen und auch in Bayern haben Jägergruppen Bedenken angemeldet, denn Habicht und Bussard gefährden teilweise den Niederwildbestand. Zwei in Bayern eingeholte Gutachten liefern die wissenschaftliche Begründung für eine selektive Greifvogelbejagung. Die durch ökologische Mißverhältnisse unter Druck geratenen Niederwildbestände könnten verbessert werden, »wenn eine Bejagung des Habichts hilfreich eingreift«. In einem der Gutachten heißt es: »Einzelabschüsse oder auf biologische Gegebenheiten abgestimmte, eng begrenzte Schußzeiten vermögen den Habichtbestand zumindest kurzfristig nicht zu reduzieren oder gar zu bedrohen.«

Vogelschützer kommen hier in arge Bedrängnis: Der Habicht jagt vor allem auch im Winter Amseln, Elstern, andere Greifvögel, Wildenten und auch Fasane, Rebhühner und sogar Hasen. Er ist auch ein gefährlicher Birkwildjäger, und jeder getötete Birkhahn gefährdet den Bestand der Art, sagen die Vogelschützer. Schutz um jeden Preis ist nicht möglich, sagen die Jäger.

Die These vom grundsätzlichen Schutz ist zu einfach geworden – für das komplizierte Ökogefüge. Was nützt der geschützte Habicht, wenn er den letzten Birkhahn schlägt?

Der Jäger ist des Greifvogels Feind nicht mehr. Es gibt neue. Da ist zum Beispiel das Gift. Pflanzengifte und andere, nicht abbaubare Wirkstoffe nehmen die Greife über Beute auf. Die Folgen sind: Sie brüten »taube« Eier aus oder es schlüpfen Junge, die nicht lebensfähig sind.

Das Gift selbst ist nicht der Feind, sondern der Mensch, der es herstellt, verkauft und verwendet: die Industrie, der Handel und die Landwirtschaft. Jahrelang hat die Industrie den Landwirt geimpft, welche schrecklichen Pilzkrankheiten sein Getreide vernichten. Millionen wurden für die Giftwerbung ausgegeben, und nun geben die Landwirte für ihren neuen Glauben alles wieder mehrfach zurück.

Daß das Niederwild und die Greifvögel durch das Gift eingehen, ist eine der vielen lebensfeindlichen »Nebenwirkungen«, die die Jäger schon lange erkannt haben. Aber sie haben keine Lobby und keine Werbemillionen.

Es gibt noch eine seltsame Entwicklung, die den Greifen ans Gefieder geht: Der Presse- und Informationsdienst für Tierfreunde ANIMAL schreibt in einer Ausgabe aus dem Jahre 1978: »Wenn unsere letzten Adler- und Falkenhorste während der Brutzeit rund um die Uhr bewacht werden, so hat dies seinen guten Grund. Die Gilde der Eierdiebe und Nesträuber wird immer aktiver. Der Ausverkauf unserer letzten heimischen Greifvogelarten findet zu stark heraufgesetzten Preisen statt. Bis zu zehntausend Mark soll gegenwärtig für ein Wanderfalkenei bezahlt werden. Auch Adlereier werden hoch notiert. Das Geschäft lohnt sich.

Die Eiersammler oder Gologen lassen sich's was kosten, um ihre Sammlungen um ein seltenes Stück zu komplettieren. Auch der Briefmarkenfan muß tief in die Tasche greifen, wenn er eine seltene Marke erstehen will. Nur daß der Eiersammler sein Hobby auf Kosten der lebendigen Natur betreibt und zum Aussterben der ohnehin seltenen Greifvögel beiträgt.«

Bei den Scheichs in den Arabischen Emiraten ist es schick geworden, sich, wie einst die europäischen Fürsten, der Beizjagd mit dem Falken zu widmen. Für ein ausgehorstetes Jungtier zahlen sie zwanzigtausend Mark! Ein Gerfalke soll fünfzigtausend Mark bringen. Wer sind die Schmuggler? Es ist natürlich verboten, die geschützten Vögel außer Landes zu bringen. Dank solcher Gewinnspannen brauchen sich die Scheichs nicht selbst zu den deutschen Horsten zu bemühen.

Die Adler

Wer unsere kaputte und zerstörte Welt kennt, muß sich gelegentlich wundern: Da gibt es tatsächlich an Norddeutschlands Küsten Vögel, riesige, majestätische Vögel, mit einer Flügelspannweite von zweihundertvierzig Zentimetern. Es sind die Seeadler, die größten Adler. Ihr Körper ist neunzig Zentimeter lang. Im Sommer leben sie an der Küste, im Winter mehr im Binnenland. Sie ernähren sich gleichermaßen von Fischen und Wasservögeln.

Das Gelege der Adler besteht aus zwei bis vier Eiern, meistens aber sind es nur zwei Eier, und sehr häufig schlüpft nur ein Junges aus. Sie bauen ihre Horste auf Bäumen und

Der Schwarzbraune Milan lebt in der Nähe großer Gewässer und ernährt sich von toten Fischen oder auch von Beute, die er anderen Greifen abjagt.

Der Turmfalke, wegen seines charakteristischen Fluges auch Rüttelfalke genannt, horstet in Bäumen und auch in Mauernischen.

benützen sie mehrere Jahre hintereinander.

Bei den jungen Seeadlern ist der keilförmige Stoß schwarzbraun mit weißen Flecken. Im Alter verfärbt er sich ganz weiß. Die Fänge sind hellgelb.

In der Brutzeit werden die Gelege und auch später die ausgeschlüpften Jungen von Naturschutzbeauftragten streng bewacht. In dieser Zeit wird auch nichtverseuchtes Futter ausgelegt, um die Aufzucht nicht zu gefährden. In Wildgehegen versucht man außerdem, den Seeadler vor dem Aussterben zu bewahren.

Der sehr viel kleinere Fischadler klaftert hundertsechzig Zentimeter und fischt in Binnengewässern: Dabei rüttelt er über dem Wasser und stürzt, mit den Fängen voran, blitzschnell in die Tiefe. Ausgewachsen ist sein Körper fünfundsechzig Zentimeter lang – aber er stürzt sich auch auf Karpfen, die stärker sind als er. So kann es passie-

Der Wanderfalke ist so groß wie eine Krähe und der edelste unter den Falken. Durch Pestizide und hohe Kaufsummen aus dem Orient ist der Jäger der Lüfte vom Aussterben bedroht.

Der einzige Greif, der in vielen Farbvarianten vorkommt, ist der Mäusebussard. Die Skala reicht von weißgrau bis dunkelbraun. Diese zwei Mäusebussarde kämpfen um Luder. Anfang April kämpfen sie um die Weibchen. Da ist Balzzeit.

ren, daß ihn die wehrhafte Beute mit in die Tiefe zieht und der Fischadler ertrinkt. Der Fischadler hat gewinkelte Fittiche, und man erkennt ihn sehr leicht an seiner leuchtend weißen Unterseite. Außer Wasservögel holt er sich noch Kaninchen, Frösche, Ratten und Käfer.

Die fleckenweise noch heile Bergwelt hat den mächtigen Steinadler davor bewahrt, so gefährdet zu sein, wie seine im Norden lebenden Artverwandten. Er ist nicht mehr vom Aussterben bedroht. Deutschlands Wappentier, der streng blickende Greifvogel, horstet in Felsnischen und klaftert zwei Meter. Das weibliche Tier ist größer als das männliche, wie bei den meisten Greifen. Wenn das Paar auf Jagd geht, erlegt es die Beute in Teamarbeit: Der starke weibliche Vogel kreist mit ausgebreiteten Schwingen hoch und bedrohlich. Die angepeilte Beute wird verunsichert. Inzwischen streicht der Terzel um die Felswände und stürzt sich im geeigneten Moment auf das Beutetier. Dabei versucht er meistens, das Tier zu Fall zu bringen, um sich das Töten zu ersparen, das mit hohem Kraftaufwand verbunden ist. So werden auch blinde und räudige Gemsen gejagt und zum Absturz gebracht.

Kleinere Beute holt er sich im Tiefflug. Überraschend stürzt er sich auf Fuchs, Murmeltier, Hase und Schneehuhn.

Die Milane

Milane sind Aasfresser und Schmarotzer unter den Greifvögeln. Sie leben am Waldrand und lieben das offene Feld, über dem sie im segelnden Flug nach Beute äugen. Selbst schlagen sie nur kleinere Bodentiere. Größere Beute jagen sie anderen Greifvögeln ab.

Der Rote Milan ist der größere; er ist rostfarben, über sechzig Zentimeter lang und horstet auf Bäumen. Im Flugbild kann man den Roten Milan vom Schwarzbraunen Milan durch den tiefer gegabelten Stoß gut unterscheiden. Beide Milane sind Zugvögel.

Der Schwarze Milan hat ein schwarzbraunes Gefieder und lebt an oder in der Nähe von Binnengewässern. Tote Fische sind ihm eine willkommene Speise; außerdem nimmt er Aas aller Art. Er hat nur einen leicht gegabelten Stoß, im Gegensatz zum stark gegabelten des Roten Milan und im Unterschied zum rundstoßigen Mäusebussard, mit dem er häufig verwechselt wird.

Die Weihen

Wie alle Greife sind auch die Weihen ganzjährig geschont. Sie sind Zugvögel. Im Frühjahr brüten bei uns die Wiesenweihe, die Kornweihe und die Rohrweihe.
Mit ihrem langen Körper und den langen Schwingen fliegen sie niedrig im schaukelnden Segelflug über dem Boden. Wenn sie Beute erspäht haben, lassen sie sich mit hochgestellten Schwingen einfach auf die Erde fallen. Mäuse, Ratten, Kaninchen und Junghasen sind ihre Opfer.

Die Falken

Die kühnsten, schnellsten und besten Flieger unter den Greifvögeln sind die Falken. Es gibt über sechzig Arten. Der kleinste ist der Turmfalke, der größte der Gerfalke, und der schnellste Flieger unter ihnen ist der Baumfalke. Im Stoßflug erreichen sie eine Geschwindigkeit bis zu dreihundert Stundenkilometern.
Alle Falken sind von den anderen Greifen leicht an einem besonderen Merkmal zu unterscheiden: Am oberen Schnabel sitzt ein spitzes Dreieck, das in eine Einkerbung am Unterschnabel paßt. Das ist der sogenannte Falkenzahn, ihr Tötungswerkzeug. Alle Falken haben einen Reißhaken-Beißschnabel und töten im Flug mit einem Biß in Kopf und Genick.
Falken sind Felsenbrüter. Sie nisten in verlassenen Krähenhorsten, in Felsnischen und auch in künstlich angelegten Horsten.
Der vom Aussterben bedrohte Wanderfalke – er ist krähengroß und der edelste unter den Falken – brütet auch im Gehege. Ihn zu retten, werden mühsame Versuche unternommen. Er kann sich praktisch kaum noch in freier Wildbahn vermehren. Bei den meisten Paaren sind die Eier chronisch dünnschalig. Im Gehege werden den Brutpaaren mit giftfreiem Futter gefütterte Mäuse, Ratten und Kaninchen als lebende Beute vorgesetzt. Eine kostspielige und vor allem mühsame Arbeit, die auch ein fundiertes Spezialwissen erfordert. Der Mensch darf dem Falken nicht vertraut werden, denn in freier Wildbahn würde das dessen Verhängnis bedeuten.
Der Turmfalke ist nicht gefährdet. Er lebt an Waldrändern, in alten Gemäuern oder auch in Dörfern und Städten, sofern es dort für ihn etwas zu holen gibt. Er jagt Mäuse, kleine Vögel und Insekten, und im Gegensatz zu den anderen Falken »rüttelt« er über der offenen Landschaft, um dann mit eingezogenen Schwingen pfeilschnell nach einer Maus zu stoßen. Der Turmfalke wird deswegen auch Rüttelfalke genannt.

Die Bussarde

Der Mäusebussard ist der Greif, der bei uns am häufigsten vertreten ist. Er jagt an Wald- und Feldrändern und sein Gefieder ist sehr unterschiedlich gefärbt. Es gibt weißgraue und dunkelbraune Mäusebussarde, manche sind oben dunkel und unten weiß gefleckt.
Der Mäusebussard kreist segelnd oft stundenlang über dem offenen Feld, bis er plötzlich rüttelt, um sich dann blitzschnell auf eine Maus zu stürzen. Er kann seine Beute nur am Boden schlagen.
Der Rauhfußbussard ist bei uns nur im Winter zu Gast. Er ist der Bussard, der aus der Kälte des Nordens kommt. Er brütet auf den Felsklippen Skandinaviens. Seine Fänge sind bis zu den Krallen rundum gefiedert, rauhfüßig.
Der Wespenbussard ist ein Sommergast. Er ist ein Zugvogel und hat sich auf das sommerliche Nahrungsangebot spezialisiert: Er lebt fast ausschließlich von Bienen- und Wespenlarven. Gelegentlich holt er sich auch kleine Vögel und Eier.

Sperber und Habicht

Der Sperber ist der kleine Habicht. Sie sehen sich wirklich sehr ähnlich, nur in der Größe haben sie ihr wesentliches Unterscheidungsmerkmal: Der Habicht ist so groß wie ein Huhn und der Sperber ist ungefähr so groß wie eine Taube. Da nun aber die Männchen sehr viel kleiner sind als die Weibchen, ist es möglich, daß man ein Sperberweibchen für ein Habichtmännchen hält. Das Sperberweibchen wiegt ungefähr das Doppelte eines Sperbermännchens (Sprinz), nämlich zweihundertzwanzig bis dreihundert Gramm. Das Habichtweibchen schafft ungefähr tausenddreihundert Gramm, das Männchen, der Habichtsterzel, rund siebenhundert Gramm.
Habicht und Sperber sind Baumbrüter, und ihr Gelege besteht aus vier bis sechs Eiern. Während der Brutzeit und bis zum Flüggewerden der Jungvögel sind die Weibchen durch eine heftige Mauser völlig flugunfähig. Sie verlieren ihr Gefieder und sind auf die Beuteflüge des Männchens angewiesen. Der Terzel läßt die Beute über dem Horst fallen und dreht wieder ab. Das Weibchen zerteilt die Beute und füttert dann die Jungen.
Die Männchen haben in der gleichen Zeit ihre Mauser, nur sanfter und ohne daß sie flugunfähig werden.
Der Habicht gilt als wilder Überraschungsjäger und schlägt Mäuse, Kaninchen und Fasane. Der Sperber schafft nur Kleinvögel, das Weibchen allerdings kann auch taubengroße Tiere erbeuten.

Der Sperber wird auch der kleine Habicht genannt. Er ist wie sein großer Bruder ein reaktionsschneller Überraschungsjäger und trägt ein quergebändertes Gefieder, wie der Habicht im Alter.

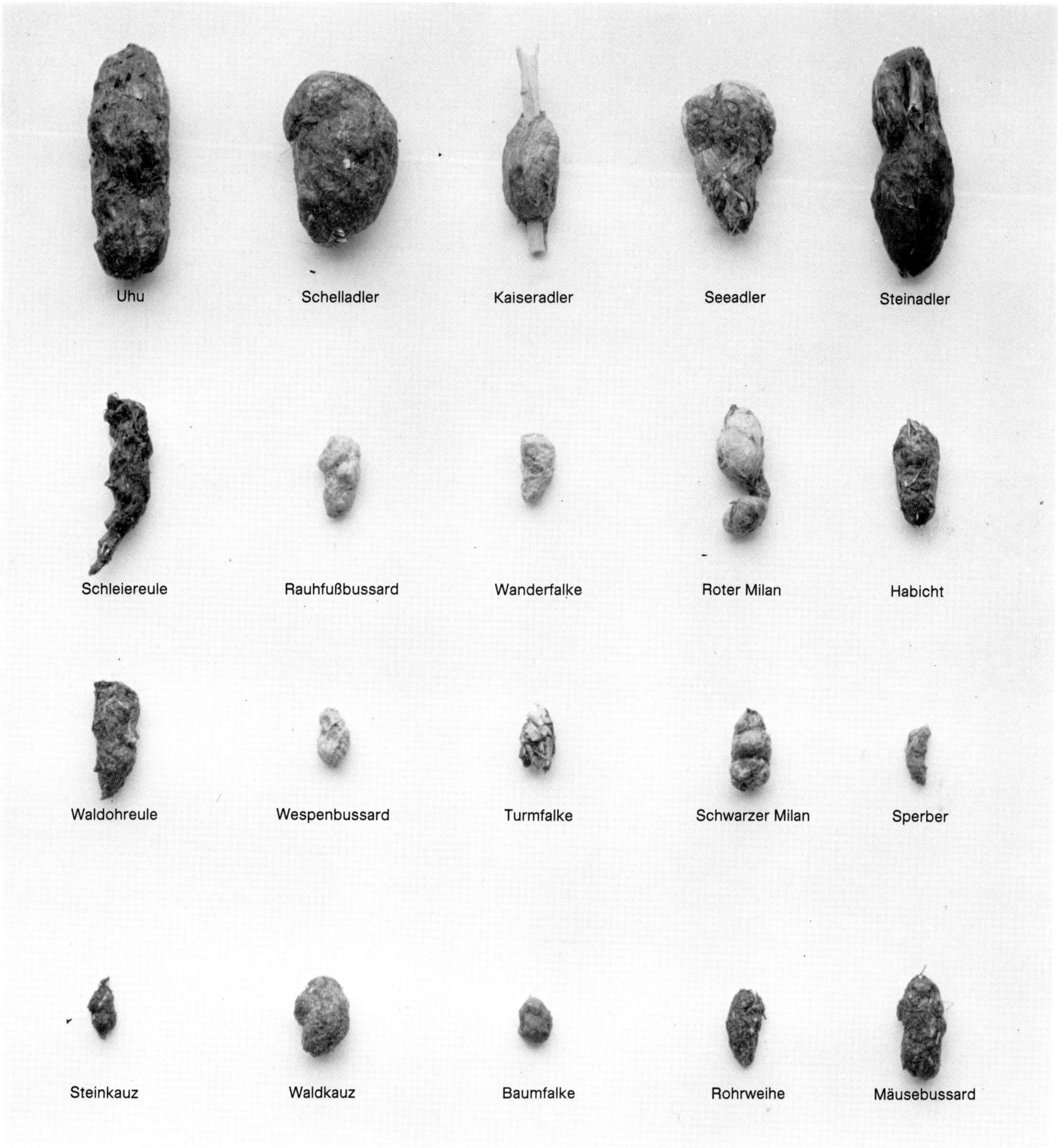

Das Gewölle besteht aus unverdauten Resten der geschlagenen Beute. Mehrere Stunden nach dem Fressen werden verschieden geformte Bällchen oder Würstchen herausgewürgt.

Während im Gewölle der Eulen Knochen und ganze Mäuseschädel enthalten sind, gibt es bei den Greifen keine Knochen: Ihr Magen produziert Salzsäure, die die Knochen zersetzt.

Kleine Federn und der Kropfinhalt der geschlagenen Beutevögel sind im Gewölle des Wanderfalken enthalten. Weihen würgen ein Gewölle aus Haaren, Federn und Eierschalen. Festgefilzte Federreste im länglich geformten Gewölle verraten Habicht und Sperber. Der Mäusebussard und auch der Turmfalke bilden im vollen Kropf ein Gewölle aus festgefilzten Haaren in länglicher Würstchenform.

Der Jäger und sein Hund

Spannung, Konzentration, höchste Anstrengung, Ausdauer, atemlose Stille, erlösende Freude, Erschöpfung – das sind nur einige Zustände, die der Jäger innerhalb weniger Stunden auf einer Pirsch erleben kann, und es gibt ein Wesen, das all diese Empfindungen teilt: der Hund. Sein Jagdhund. Wahrscheinlich gibt es keine Beziehung zwischen Mensch und Tier, die so harmonisch und innig aufeinander eingespielt sein kann, wie die Beziehung zwischen Jäger und Hund. Und keiner wird sagen können, wer hier wem bei der intensiven Jagdarbeit näher ist: der Mensch dem Tier oder das Tier dem Menschen. Beide vereint die Jagdpassion.

Ein gutes Gespann: der Vorstehhund und der Erdhund.

Auch der beste Jäger braucht einen guten Hund. Für die Nachsuche ist der Jagdhund unerläßlich. Ohne ihn würde wertvolles Wildbret verrotten.

Wie wichtig ist der Hund?

Von Jungjägern, die in den Ländern Bayern, Berlin, Hessen, Niedersachsen, Nordrhein-Westfalen, Rheinland-Pfalz und dem Saarland die Prüfung ablegen, werden Kenntnisse in der Jagdhundhaltung und Jagdhundführung verlangt.
Außerdem wurde das »Arbeitstier« Jagdhund vom Gesetzgeber verpflichtet. In Bayern, Baden-Württemberg, Berlin, Bremen, Hamburg, Hessen, Nordrhein-Westfalen, Niedersachsen, Rheinland-Pfalz, dem Saarland und Schleswig-Holstein haben alle Jagdausübungsberechtigten die Verpflichtung, einen brauchbaren Jagdhund mitzuführen. Diese Länder fordern, bei der Such-, Drück-, Riegel- und Treibjagd, bei jeder Jagdart auf Schnepfen und Wasserwild sowie bei jeder Nachsuche brauchbare Jagdhunde zu verwenden!
Andere Länder streben diese gesetzliche Regelung ebenfalls an, und Hamburg schreibt vor: »Jeder Jagdausübungsberechtigte hat mindestens einen jagdlich brauchbaren Hund zu halten.«
In Bremen kann für die Jagdbezirke von mehr als dreihundert Hektar, in Rheinland-Pfalz von mehr als zweihundertfünfzig Hektar, in Baden-Württemberg von mehr als tausend Hektar vom Jagdausübungsberechtigten die Jagdhundhaltung verlangt werden, wenn Jagdhunde anderer Hundehalter nicht regelmäßig zur Verfügung stehen.
Das bedeutet: Zu einem verantwortungsbewußten Jäger gehört ein Hund, und ein echter Jägersmann wird sicher nicht den Hund vom Revierkollegen »ausborgen«. Nach dem Gesetz ist der Hund zwar eine Sache, und eine Sache kann man sich jederzeit ausborgen. Aber jeder Hundehalter weiß, daß ein Hund eben keine Sache ist. Die Sache jault nämlich, wenn sie Schmerzen hat, die Sache wedelt mit der Rute, wenn sie sich freut, und

Der Hannoversche Schweißhund trägt eine Schweißhalsung. Der Schweißriemen wird dem Hund zwischen den Beinen hindurchgezogen, aber der Hund zieht schon ungeduldig . . .

Saujagd. Der Jäger findet Knochensplitter und Schnitthaar am Anschuß. Die Sau ist getroffen. Die Schweißarbeit am langen Riemen kann beginnen.

Los geht's. Mit tiefer Nase arbeitet er auf der Schweißfährte. Der lange Riemen wird aufgedockt.

Der Hund bohrt nach und zeigt dem Führer den ersten Schweiß.

Der Hund wird geschnallt und aufgemuntert: »Such schön voran!« Nichts auf der Welt könnte diesen Hund jetzt von seiner Aufgabe abbringen. Er verschwindet im unwegsamen Gelände, in der Dickung.

Der Hund gibt Laut. Er hat die weidwunde Sau gestellt. Der Jäger gibt den Fangschuß.

Die Sau ist tot. Halali. Und die Jagd ist vorbei.

die Sache leckt dankbar die Hand seines Herrn, wenn sie gestreichelt worden ist.

Ein Hund bringt einem Jäger viel (nicht nur das Wildbret), aber er braucht auch einiges: Bewegung, täglichen Auslauf auf nichtsteinigem Boden, regelmäßige Fütterung, konsequente Erziehung und – wenn es ein Jagdhund ist – regelmäßige Revierarbeit.

Der Wochenend-Sport-Hobby-Revier-Gastjäger aus der Großstadt muß sich unbedingt erst mit Jagdkollegen zusammensetzen und sollte ausführlich mit ihnen darüber sprechen, welche Konsequenzen die Anschaffung eines Jagdhundes nach sich zieht. Welcher Jäger hat schon sein Revier vor der Haustür? Aber jeder Jäger, der einen Hund hält, sollte wenigstens ein paar Quadratmeter Grün vor dem Haus haben. Wenn es nicht nur am Wochenende oder gar nur einmal im Monat auf die Jagd geht, hat der Hund vielleicht einen guten Partner gefunden.

Der Jäger mit Passion kauft seinen Jagdhund – wenn er irgendwie kann – nicht ausgewachsen und firm, sondern möglichst als Welpen im Alter von zwei Monaten vom Jagdhundzüchter oder vielleicht aus einem Wurf der tüchtigen Deutsch-Drahthaarhündin seines Jagdfreundes.

Wer seinen Hund selbst aufzieht und auch selbst abführt, wird eine enge

Der Kleine Münsterländer ist der ideale Vorstehhund für ein kleines unübersichtliches Waldrevier. Der Hund ist abgelegt, neben ihm liegt die Strecke seines Herrn: zwei Hasen.

und aufeinander eingeschworene Mensch-Tier-Beziehung entwickeln, und er wird Jagderlebnisse mit seinem Hund teilen können, die Außenstehende oder die Daheimgebliebenen nur sehr schwer nachvollziehen können.
Vieles muß der Jäger bedenken, bevor er sich einen Jagdhund anschafft: die Art der Unterbringung, die Art des Reviers und die sich daraus ergebende Arbeit für den Hund und seine persönliche Vorliebe für bestimmte Rassen. In der Mietwohnung ist jede Hundehaltung problematisch, einen großen Vorstehhund zu halten, ist wahrscheinlich überhaupt nicht möglich.
Wer aber auf dem Land, am Stadtrand, ein bißchen abseits wohnt, einen eingezäunten Garten hat, der braucht auf die Größe eines Hundes weniger zu achten. Ist die artgerechte Unterbringung geklärt, denkt der Jäger – am besten laut mit einem Jägerkollegen – darüber nach, welche Art von Arbeit der Hund in seinem Revier leisten muß. Ist es ein Waldrevier? Hochwild oder Niederwild? Oder beides? Oder wird er mehr im freien Feld jagen? Oder bevorzugt der Jäger die Jagd auf Wasserwild?
Für jede Art von Jagd gibt es Spezialisten unter den Jagdhunden, und für die derzeit 257.406 Jagdscheininhaber in der Bundesrepublik Deutschland (jedes Jahr kommen zwei- bis viertausend Jagdscheininhaber dazu) gibt es sicherlich – sofern sie auch aktive Jäger sind – den richtigen Hund.

Revierarbeit im Feld

Der ideale Feldarbeiter ist ein Vorstehhund. Mit erhobener Nase – den Kopf hält er dabei so vorgestreckt, daß der Nasenrücken fast in einer Linie mit dem Widerrist liegt – reviert der Hund das Feld ab. Er macht das gründlich – in Bahnen kreuz und quer –, so daß sich kein Wild drücken oder flüchten kann, ohne daß es gestellt wird.
Er sucht jede Dickung, jeden Strauch ab, und nicht immer hat der Jäger seinen Hund dabei im Auge. Manchmal ist das Tier zwei- bis dreihundert Meter von ihm entfernt. Er weiß, daß er sich auf seinen Hund verlassen kann.
Der Feldarbeiter muß unbedingt gehorsam sein (Appell haben), er muß hasenrein sein, das heißt, er darf aufstehenden Hasen nicht nachgehen, und er muß eine flotte Suche haben – ohne dabei nervös zu sein.
Das Vorstehen ist seine Hauptaufgabe. Er steht vor – das heißt, bewegungslos harrt er in bestimmter Stellung vor dem Wild und zeigt damit seinem Herrn an, daß er Witterung in der Nase hat, daß er Wild gefunden hat. Und der erfahrene Jäger kann an der Art des Vorstehens erkennen, ob es

Die Kleine Münsterländerhündin mit zwei Welpen. Für den Jäger ist es wichtig, einen Hund aus einer Leistungszucht zu bekommen und nicht einen Hund, der nur einfach »schön« ist.

sich um Fasan, Rebhuhn oder Hase handelt.
Der Jäger tritt das Wild entweder selbst heraus, oder er gibt dem Hund den Befehl zum Einspringen. Der Hund wird das Wild dann aufjagen, und der Jäger kann seinen Finger krümmen.
Der Vorstehhund soll das erlegte Wild flott bringen. Das angeschossene Wild wird er verlorensuchen und dann apportieren. Das ist die Feldarbeit des Vorstehhundes, eine seiner vielen Aufgaben.
Die deutschen Vorstehhunde sind heute aber so gezüchtet, daß sie als vielseitige Gebrauchshunde zu verwenden sind: Sie sind gleichermaßen für Wald- und Feldarbeit geeignet. Neben der guten Vorsteharbeit muß der Gebrauchshund auch noch Stöber-

Jagdpause. Die Jäger sind entspannt. Der Hund ist es nicht. Er hat Jagdpassion.

und Buschierdienste leisten. Er muß auf der Schweißfährte von Schalenwild einzusetzen sein, er muß waidwundes Schalenwild an der Drossel niederziehen, er muß totverbellen und totverweisen.
Für diese Arbeiten gibt es zwar auch besondere Spezialisten – aber der gute Gebrauchshund muß heute alles leisten, da sich ein Jäger schließlich nicht für verschiedene Jagdaufgaben verschiedene Hunde halten kann.

Die deutschen Vorstehhunde
Deutsch-Kurzhaar

Der Deutsch-Kurzhaar hat einen kräftigen, aber schnittigen Körperbau. Sein Haar ist kurz, dicht und glänzend und variiert in den Farben Braun oder Braun mit weißen oder schwarzen Abzeichen. Seine Rute wird kupiert. Die Widerristhöhe beträgt zwischen sechzig und siebzig Zentimeter. Der Deutsch-Kurzhaar ist ein ausgezeichneter Feldarbeiter.

Deutsch-Drahthaar

Der Deutsch-Drahthaar ist ein rauher Geselle. Er gehört zu den beliebtesten Jagdhunden – weil er vielseitig und ein wetterfester Draufgänger ist. Sein kräftiger und stämmiger Körper hat eine borstige Jacke mit dichter Unterwolle. Die buschigen Brauen und der Bart am Fang schützen Lefzen und Augen in Schilf und Gestrüpp. Sein Haar ist braun, braun mit weiß, es gibt auch Braunschimmel und Schwarzschimmel, und es gibt ihn in Weiß mit braunen Platten. Die Rute wird kupiert. Seine Widerristhöhe beträgt bis zu fünfundsechzig Zentimeter.

Weimaraner

Der Weimaraner gehört zu den großen und stabilen Vorstehhunden. Es gibt ihn als Kurzhaar, als Rauhhaar und selten auch als Langhaar. Kurzhaarige und rauhhaarige werden kupiert, beim langhaarigen bleibt die Rute lang. Das Kurzhaar ist fein, aber hart, das Rauhhaar ist dicht und drahtig, das Langhaar ist stark und weich fallend, die Farbe ist silber oder kräftig rehgrau. Der Rüde hat eine Widerristhöhe bis zu siebzig Zentimetern.

Griffon

Der Griffon gehört zu den rauh- und drahthaarigen Vorstehhunden, und in Frankreich ist er so häufig wie bei uns der Deutsch-Drahthaar. Der mittelgroße Vorstehhund ist für die Wasserarbeit besonders gut geeignet. Sein Haar ist harsch und gebüschelt. Mit den starken Augenbrauen und dem starken Bart sieht er aus wie ein »Naturbursche«. Er hat braune Augen, braunes oder auch stahlgraues Haar mit Platten. Seine Widerristhöhe beträgt fünfundfünfzig bis sechzig Zentimeter.

Pudel-Pointer

Der Pudel-Pointer ist eine Kreuzung aus einem Pudel und einem Pointer. Die Bringfreudigkeit und die Lust am Wasser hat er vom Pudel und die gute hohe Nase vom Pointer. Diese neue Rasse ist dem Deutsch-Drahthaar sehr ähnlich geworden. Der Kopf ist rauh behaart mit starkem Bart und Augenbrauen. Die Rute wird mittellang kupiert. Seine Farbe ist dunkelbraun, dürrlaubfarben oder schwarz. Die Widerristhöhe beträgt beim Pudel-Pointer fünfundsechzig Zentimeter.

Deutsch-Langhaar

Der langhaarige Vorstehhund eignet sich besonders gut für die Jagd auf Hühnervögel. Sein schöner Kopf hat kurzes, seidigglänzendes Haar, am Körper ist das Haar schlicht, leicht wellig, die Läufe sind befedert und behost. Die lange Rute wird mit Fahne getragen. Den stabilen Gebrauchshund gibt es in Braun, Braunweiß als Braunschimmel oder mit Platten. Die Widerristhöhe beträgt beim Rüden siebzig Zentimeter.

Großer Münsterländer

Der große schwarzweiße Münsterländer ähnelt in Bau und Größe dem Deutsch-Langhaar. Der Jäger lobt seine flotte Suche und den lockeren Spurlaut. Sein Haar ist leicht wellig. Entweder ist der Große Münsterländer weiß mit schwarzen Platten, oder er ist schwarz mit weißen Platten oder Schwarzschimmel. Seine Rute trägt er mit Fahne. Die Widerristhöhe beträgt bis fünfundsechzig Zentimeter.

Kleiner Münsterländer

Der Kleine Münsterländer ist der kleinste der deutschen Vorstehhunde, vielseitig geeignet, besonders gut aber für die Sucharbeit im übersichtlichen Gelände. Das Haar ist festanliegend, weiß oder weißbraun mit hellen oder braunen Platten; es gibt ihn auch als Braunschimmel. Die Läufe sind befedert, seine Rute bleibt unkupiert. Der mittelgroße Hund hat eine Widerristhöhe von fünfundsiebzig Zentimetern.

Die englischen Vorstehhunde

Die Engländer lieben die Spezialisten. Sie haben keine Universalgebrauchshunde gezüchtet. Ihre Vorstehhunde sind Feldjagdexperten geblieben, was auch mehr der englischen Landschaft und den dortigen jagdlichen Anforderungen entspricht. Da gibt es den großen kraftvollen Pointer, den klassischen Vorstehhund mit der langen waagrechten Rute. (Alle englischen Hunde werden nicht kupiert, weil das in England verboten ist.)
Zu den englischen Feldjagdspezialisten gehören dann noch die drei langhaarigen Setter: der English-Setter, der Irish-Setter und der Gordon-Setter. Es gibt aber auch in Deutschland schon viele Liebhaber dieser eleganten und attraktiven Vorstehhunde.

Revierarbeit im Wald

Der Jäger mit dem Waldrevier braucht einen selbständigen, wesensfesten Hund, der vielseitige Arbeit leisten muß: Er muß stöbern, buschieren, er muß zuverlässig sein bei der Arbeit nach dem Schuß, also sicher verlorensuchen und verlorenbringen, und er muß sicher Schweißfährten arbeiten. Der Hund im Wald muß Dickungen systematisch durchstöbern können und das Wild herausbringen. Bei Pirschgängen muß er längere Zeit, von seinem Herrn abgelegt, still warten, bis dieser zurückkommt.
Für diese Arbeiten gibt es den Stöberhund. Der Stöberhund arbeitet in einem größeren Radius als der Vorstehhund. Selbständig macht er Wild in weiter Suche oder durch Verfolgen hoch.
Ein Stöberhund muß ausgezeichneten Appell haben: Auch über größere Distanzen hinweg muß er unbedingt gehorchen. Und er muß spurlaut sein. Spurlaut heißt, er gibt Laut, wenn er auf eine warme oder halbwarme Spur trifft, ohne daß er das Wild sieht. Verliert er die Spur, wird er stumm und gibt erst wieder Laut, wenn er die Spur erneut gefunden hat. Der Jäger weiß dann, wann und wo er mit Wild zu rechnen hat.

Der Glatthaar-Dachshund nach der Schweißarbeit mit »seinem« Rehbock.

Von Stöberhunden verlangt der Jäger die feine Nase, Ausdauer im Suchen, einen lauten Hals auf der Fährte und Bogenreinheit. Als gute Stöberhunde für die Waldarbeit eignen sich die Hunde mit den niederen Läufen besser, da Niederlaufhunde die Nase mehr am Boden haben, als die hohen Vorstehhunde.
Für die besondere Arbeit an den Bauen gibt es die Erdhunde. Deren Aufgabe ist es, Fuchs und Dachs aus dem Bau zu sprengen. Zu den Erdhunden gehören die Teckel und die Terrier.

Stöberhunde
Deutscher Wachtelhund

Der Deutsche Wachtelhund ist ein kräftiger mittelgroßer Stöberhund. Ein guter Finder, der spurlaut anzeigt, wann und wo der Jäger Wild vor die Flinte bekommt. Er hat kräftiges Langhaar, glänzend lockig am Behang, Hals, Nacken und den Läufen. Den Wachtel gibt es dreifarbig, als Blauschimmel und reinbraun. Seine Widerristhöhe beträgt ungefähr zweiundfünfzig Zentimeter.

Cocker- und Springer-Spaniel

Spaniels sind mittelgroße, kräftig gebaute Hunde mit langem und mittellangem Haar. Den Cocker gibt es in allen Jagdhundfarben, der Springer-Spaniel kommt in weißbraun und schwarzweiß häufig vor. Beide Arten sind auch gute Schweißhunde und lieben das Wasser.

Die Erdhunde
Der Dachshund

Die Dachshunde werden auch Dackel oder Teckel genannt. Es gibt sie in vielen Farbvariationen: als Kurzhaar, Langhaar und Rauhhaar. Sehr beliebt bei den Jägern ist der rauhhaarige Dachshund. Er hat Bracken-, Terrier- und Pinscherblut. Sein Haar ist rauh und dicht anliegend. Augenbrauen und Bart lassen den schmalen Kopf robuster als bei den anderen Dachshundarten erscheinen. Es gibt ihn saufarben, dürrlaubfarben und schwarz mit gelbroten Abzeichen. Es sind die idealen Hunde, um durch enge Fuchsbauröhren zu schliefen.

Jagdterrier

Jagdterrier stellen einen besonderen Anspruch an den Jäger. Sie brauchen eine besonders straffe Ausbildung und Erziehung, da diese Hunde sonst leicht zu ungezügelten Draufgängern werden. Der Jagdterrier ist kräftig, unerschrocken, raubwildscharf und sehr wendig, für die Saujagd besonders geeignet. Das Haar des Jagdterriers ist entweder glatt oder rauh. Beide Arten gibt es in schwarzrot, gelegentlich auch dürrlaubfarben. Ihre Widerristhöhe beträgt bis zu vierzig Zentimeter.

Foxterrier

Es gibt auch hier den glatthaarigen und den drahthaarigen Foxterrier. Er ist im Haar weißgrundig mit schwarzen Flecken oder Platten, gelegentlich gibt es ihn auch dreifarbig. Sein Arbeitsfeld liegt unter und über der Erde. Er kann fest vorliegen, stöbern, und manche werden auch auf der Schweißfährte eingesetzt.

Die Arbeit nach dem Schuß

Für die waidgerechte Schweißarbeit, also die Arbeit nach dem Schuß, gibt es ausgesprochene Spezialisten, die Schweißhunde. Sie stellen hohe Anforderungen an den Halter. Mit diesen persönlichkeitsstarken Hunden kann nur ein Jäger arbeiten, der über viel Erfahrung, Jagdhundwissen und ein Hochwildrevier verfügt.
Es ist die Aufgabe der Schweißhunde, Krankfährten von Schalenwild sicher zu halten, um den Jäger zum kranken oder auch verendeten Wild zu führen. Schweißhunde sind die sicheren Gefährten auf der Nachsuche, die verhindern, daß angeschossenes Wild qualvoll verenden muß. Schweißhunde sind auf Hochwild trainiert; sie nehmen noch zwei Tage alte Schweißfährten von Rot-, Dam- und Schwarzwild an.
Der Hannoversche Schweißhund wird auf Hirsch und Sau gearbeitet. Er ist wuchtig und schwer im Körperbau, zäh und ausdauernd. Den Bayerischen Gebirgsschweißhund verwendet man für die Nachsuche auf Reh- und Gamswild. Er ist beweglicher und agiler auch im Ausdruck als sein Hannoverscher Artkollege. Seine Läufe sind auch etwas höher, da er zum guten Kletterer für das Hochgebirge gezüchtet worden ist.

Die seltenen Experten

Zu den vorzüglichen Experten gehören noch die Apportierhunde und die Rassen der ursprünglichsten Jagdhunde überhaupt, die Bracken.
Die Apportierhunde stammen aus England. Es sind die Retriever, die Golden Retriever und die Labrador-Retriever. (Retriever ist das englische Wort für Apportierer.)
Die Bracken sind die urigste Jagdhundrasse; sie gehören zur Gruppe der jagenden Hunde. Das sind die Gebirgsbracken, die Deutschen Bracken und die Dachsbracken. Ihre Aufgabe ist es, Wild lauthals zu verfolgen und dem Jäger im Bogen vor die Flinte zu treiben.

Die große Auswahl

Welcher Hund für welchen Jäger am besten geeignet ist, muß jeder Jäger für sich selbst herausfinden. Es ist wichtig, sich vor der Anschaffung sorgfältig und ausführlich zu informieren. Und jeder Jungjäger wird dankbar sein für die persönlichen Erfahrungen und Ratschläge seines erfahrenen Jagdfreundes.
Wer seinen Jagdhund selbst abführen will, muß zunächst einmal selbst lernen. Jäger- und Jagdgebrauchshundevereine veranstalten Lehrgänge.
Wer aus seinem Pointer-Welpen mit den guten angewölften Eigenschaften einen brauchbaren Vorstehhund macht, kann nicht nur stolz auf »sein Werk« sein, er wird auch einige Jagdjahre lang seinem Jagdgefährten viele Erfolge zu verdanken haben.

Der Deutsch-Drahthaar apportiert die Schnepfe.

Waffen für Fürsten und Jäger

Vielleicht war es ein Stein, mit dem der Mensch nach dem Tier warf, oder es war ein spitzer Stock, mit dem das Wild aufgespießt wurde. Das erste Werkzeug des Menschen aber war ganz sicherlich eine Waffe.
Der Mensch der Frühzeit jagte mit Steinen und mit Keulen, mit Speer und Harpune, mit Lanze und Lasso, mit Pfeil und Bogen, mit Schlinge und Bumerang, mit Fallen und mit Netzen.
Die Geschichte der Menschheit ist die Geschichte der Jagd und ihrer Waffen. Diese Geschichte ist so umfangreich und so vielseitig, daß diese Zeilen nur Anregung sein können, sich mit dem unerschöpflichen Thema Jagd und Waffen intensiver zu beschäftigen.

Bis zur Mitte des 16. Jahrhunderts waren die gebräuchlichsten Jagdwaffen der Bärenspieß und der Sauspieß, der Wurfspeer, das Jagdschwert und der Bogen. Der Jäger zu Pferd benutzte das Jagdschwert, der Jäger zu Fuß den Sau- und Bärenspieß. Beide Waffenarten unterschieden sich nur durch die Stärke des Blattes.

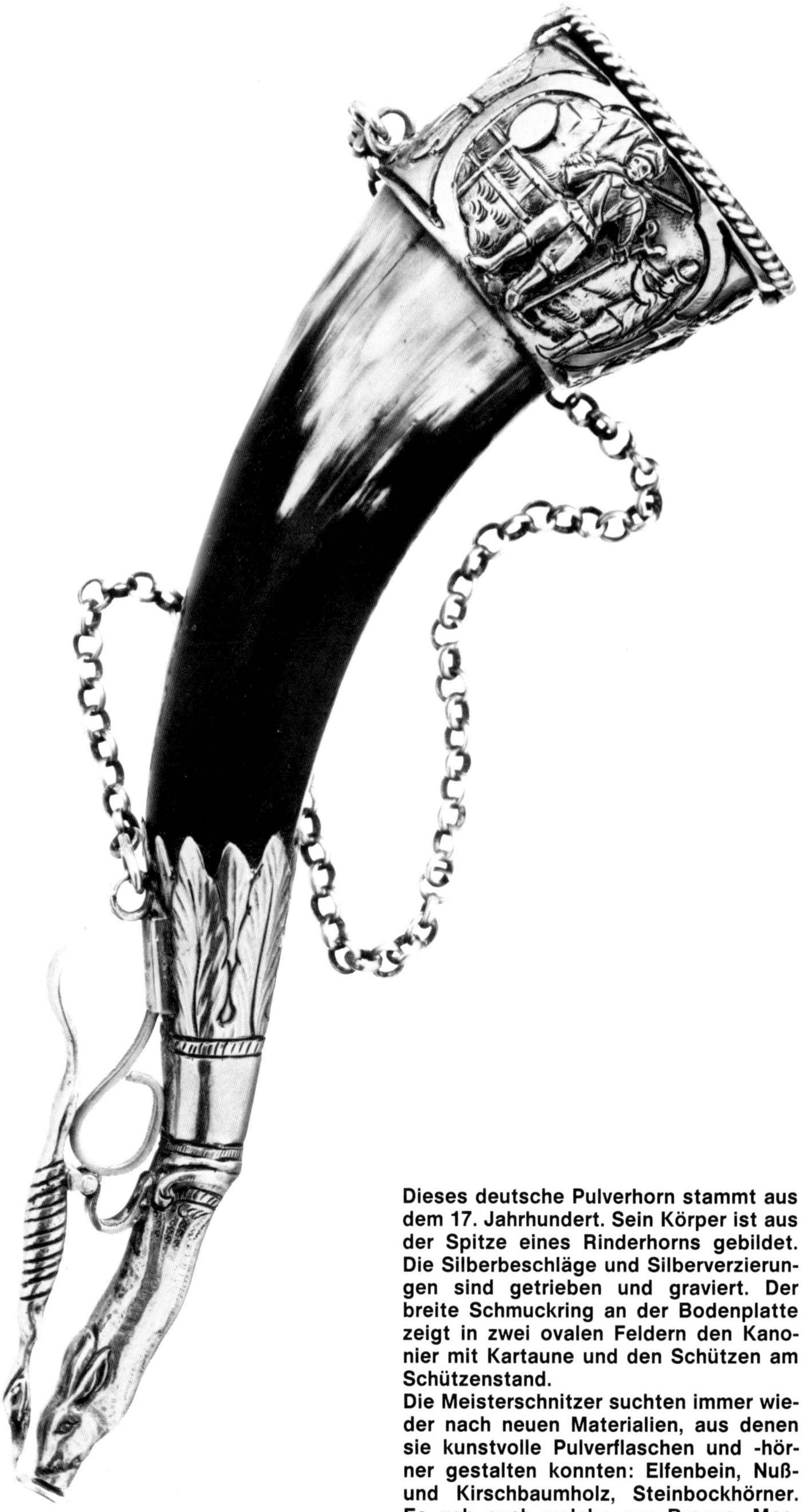

Dieses deutsche Pulverhorn stammt aus dem 17. Jahrhundert. Sein Körper ist aus der Spitze eines Rinderhorns gebildet. Die Silberbeschläge und Silberverzierungen sind getrieben und graviert. Der breite Schmuckring an der Bodenplatte zeigt in zwei ovalen Feldern den Kanonier mit Kartaune und den Schützen am Schützenstand.
Die Meisterschnitzer suchten immer wieder nach neuen Materialien, aus denen sie kunstvolle Pulverflaschen und -hörner gestalten konnten: Elfenbein, Nuß- und Kirschbaumholz, Steinbockhörner. Es gab auch welche aus Bronze, Messing, Schildkrötpanzer und sogar Hummerscheren.

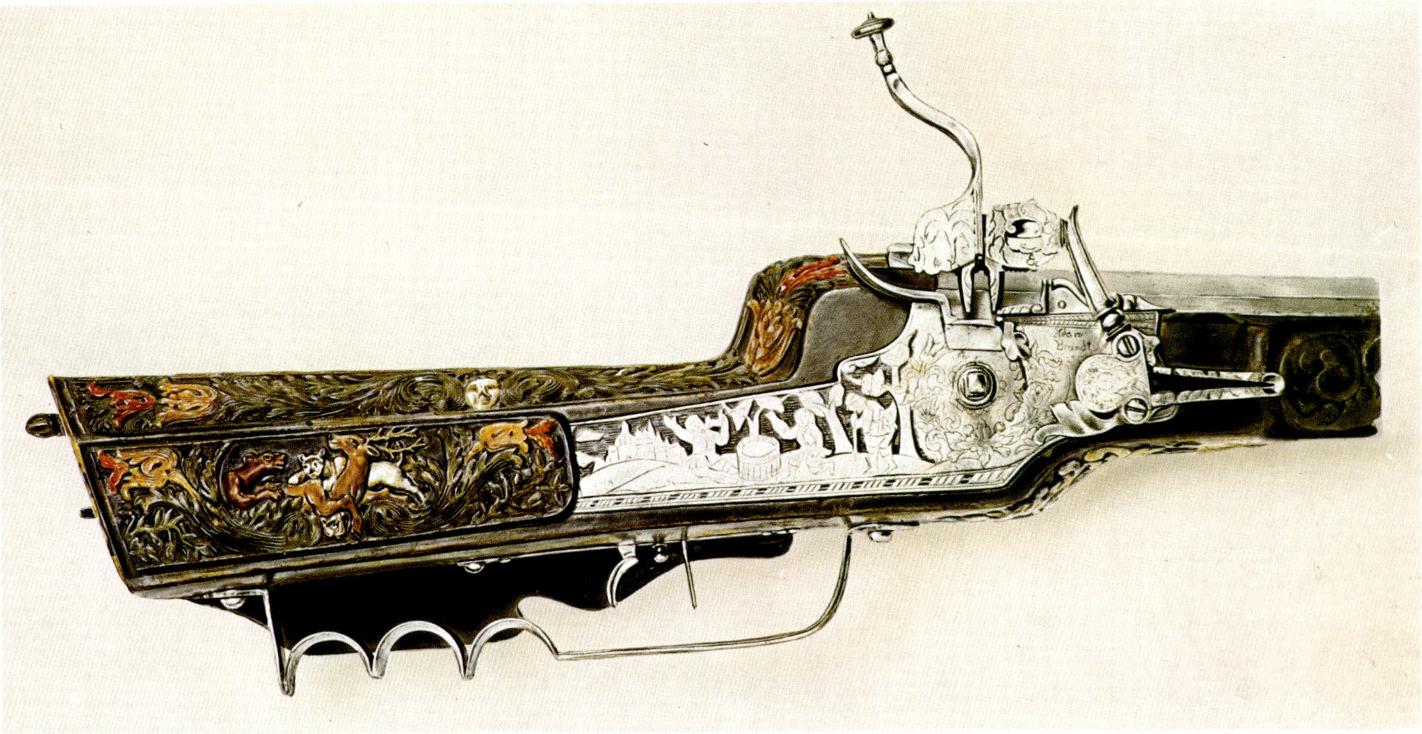

Der Sauspieß oder die Saufeder hat eine Länge von ungefähr zwei Metern. Die Spitze war eine flache zweischneidige Klinge, die mit einer Tülle auf den Schaft gesteckt wurde. Von dieser Tülle laufen schmale Eisenbänder – die sogenannten Federn – an beiden Seiten des Schaftes entlang. Diese Federn wurden mit starken Nägeln am Schaft gehalten.

Der Schaft selbst war kein einfacher langer Holzstiel, sondern ein gewachsenes Baumstämmchen. Die Stabilität des Schaftes entschied über Leben und Tod, nicht des Tieres, das getroffen werden sollte, sondern des Jägers, der den Keiler erlegen wollte. Brach der Schaft im Nahkampf, hatte der gereizte Keiler oder gar der Bär bestimmt die stärkere Waffe.

Damit der glatte Stamm nicht aus der Hand des Jägers gleiten konnte, waren die Schafte mit Lederriemen umwickelt oder wurden mit Kopfnägeln beschlagen. Bei der Saufeder gab es unterhalb des Blattes noch einen Knebel, ein Eisen-, Hirschhorn- oder Holzstück, den sogenannten »Auflaufknebel«. Der Auflaufknebel verhinderte, daß die Klinge zu tief in das anrennende Wild eindrang und dieses dem Jäger zu nahe kam.

Wie gefährlich die lebenserhaltende Jagd damals gewesen ist und wie hautnah und kämpferisch die Jagd damals war, zeigt auch das Schwert. Die Jagdschwerter wurden mehr als Stich-, weniger als Hiebwaffen verwendet. Man stelle sich vor, was ein Hieb auf ein dickes Bärenfell wohl bewirkt hätte . . . Das von den Hunden gestellte und vielleicht auch schon verwundete Wild wurde abgefangen. Das gereizte Tier rannte in die Klinge. Das geschah so: Der Reiter sprang herunter, krümmte das rechte Knie, stützte das mit beiden Händen umfaßte Schwert dagegen und stemmte den ausgestreckten linken Fuß gegen den Boden.

Die Gefahren, die damals mit der Jagd verbunden waren, schreckten keinen Jäger: »Jagen und viell fangen / darnach haet jedermann Verlangen.« So heißt die gravierte Inschrift auf einem deutschen Jagdsäbel von 1659 (abgebildet auf Seite 176, erster Säbel links).

Die Armbrust

»Als erstes sollst Du stets bei Dir haben etliche Truhen, darin Dein Jagdschwert, Rock, Geschütz, Hornarmbrust und Stahlbogen. Nämlich im Winter die Hornarmbrust wegen des Frostes; aber sonst Stahlbogen im Sommer. So es nicht friert, im Winter auch den stählernen Bogen.« Das schrieb Kaiser Maximilian I. in seinem »Geheimen Jagdbuch«.

Zu dieser Zeit war die Armbrust schon ein paar hundert Jahre alt. Die Armbrust war heftig umstritten. Sie galt als »tückisch unritterliches Ding«. Bei der Ritterschaft wurde der Gebrauch der Armbrust als unmännlich und feig empfunden. 1139 wurde vom Papst der Fluch über die Waffe verhängt, und hundert Jahre später gestattete die Kirche nur noch den Gebrauch der Waffe gegen die Ungläubigen.

Vor dem kaiserlichen Jäger Maximilian war aber die Armbrust bei den Jägern sehr beliebt, und auch nach Maximilian schätzten die Jäger die handliche Waffe, die recht zielsicher war, eine starke Durchschlagskraft hatte und außerdem völlig geräuschlos dahinzischte.

Viele Jäger tauschten ihre Armbrust

Das gravierte Schloß dieser Radschloßbüchse aus Prag ist aus Eisen geschnitten, graviert und mit »Adam Brandt« signiert. Der deutsche Schaft ist mit jagdlichen Motiven geschnitzt und bemalt. Die Büchse wurde 1665 gebaut.

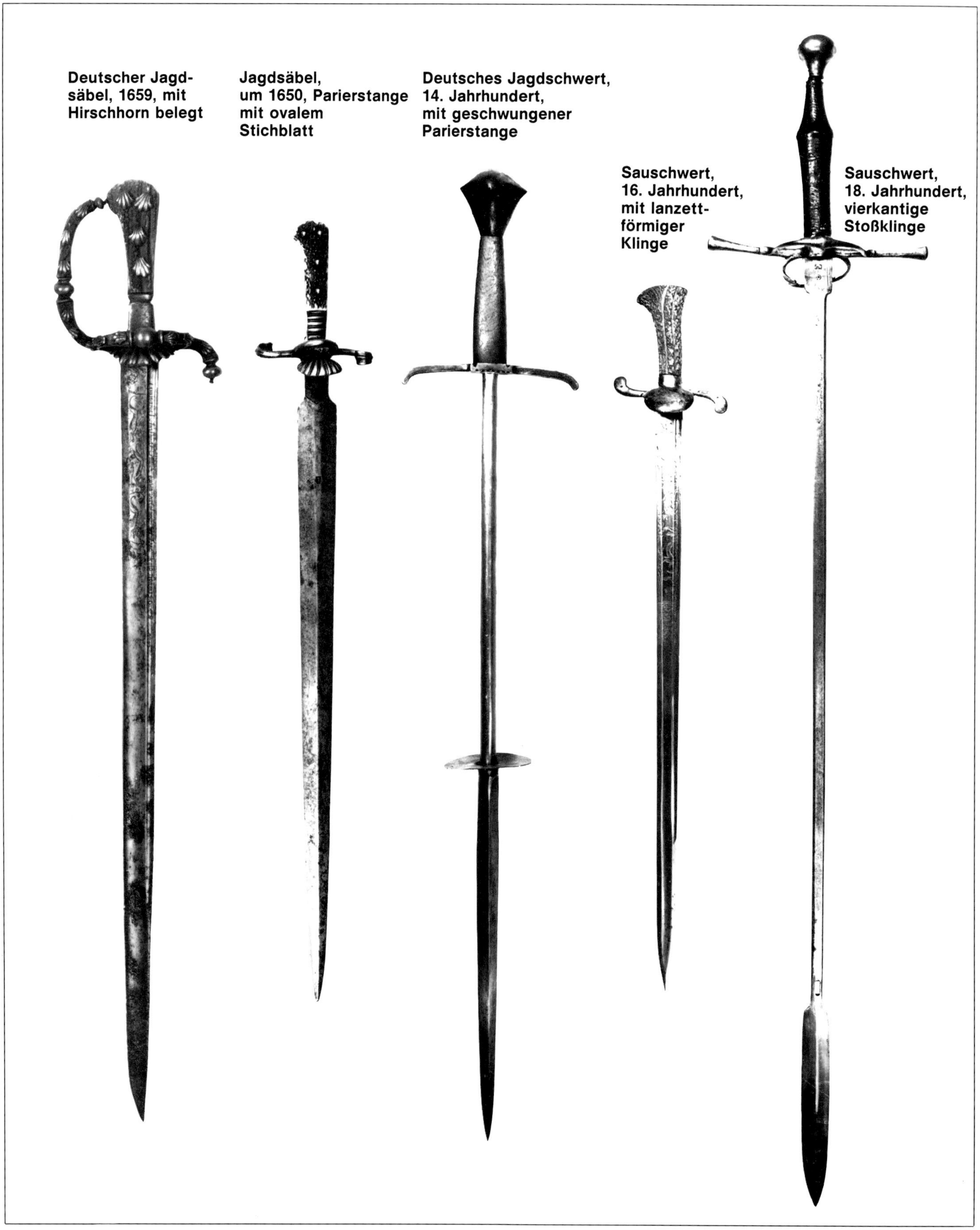
Deutscher Jagdsäbel, 1659, mit Hirschhorn belegt
Jagdsäbel, um 1650, Parierstange mit ovalem Stichblatt
Deutsches Jagdschwert, 14. Jahrhundert, mit geschwungener Parierstange
Sauschwert, 16. Jahrhundert, mit lanzettförmiger Klinge
Sauschwert, 18. Jahrhundert, vierkantige Stoßklinge

nicht mit den gerade erfundenen donnernden Pulverbüchsen! Im Laufe der Jahrhunderte gab es immer wieder neue Armbrustsysteme mit neuen Winden, neuen Bolzen und später auch mit Kugelgeschossen.
Für die Feld- und Vogeljagd wurden gegen Ende des 16. Jahrhunderts und ganz besonders im 17. Jahrhundert leichte Armbrüste gebaut. Die Italiener bauten die Italienische Ballester und die Deutschen die »Deutsche Schnepper«. Beide Waffen waren für den Kugelschuß bestimmt, der Armbrustjäger von damals mußte schon ein außergewöhnlich guter Schütze sein.
Als die Technik der Donnerbüchse verfeinert wurde, verschwand die Armbrust allmählich aus Feld und Wald. Das Armbrustschießen aber gaben die Könner nicht auf. Sie gründeten sportliche Vereine der Armbrustschützen, und im befreiten Deutschland nach dem letzten Weltkrieg waren sie dann die einzigen, die mit ihrer Armbrust auf die Jagd gehen konnten.

Donnerbüchse und Feuerrohr

Als ein bestimmtes Pulver aus Holzkohle, Schwefel und Salpeter von China langsam zu uns gelangte, steckte man es – so um 1600 – in prächtig aussehende Luntenschloßmusketen. Ein Schuß daraus glich einem Feuerwerk, ein ungeheuerlich donnernder Knall mit Schwefelgestank vertrieb alles Wild weit und breit, und keines ward getroffen. Erst die Feuerschloßmacher beschäftigten sich mit dem Schloßproblem, und ein Uhrmacher – so sagen es die Chroniken – konstruierte zum erstenmal ein Radschloß für die Handfeuerwaffe.
Mit der Erfindung des Radschlosses kam die Pulverwaffe auch für die Jagd allgemein in Gebrauch. Bis zum Ende des 18. Jahrhunderts war sie Jagdgewehr und Scheibenbüchse. In dieser langen Zeitspanne von drei Jahrhunderten wurde die Waffe mehrfach verbessert, das Grundprinzip aber blieb erhalten:
Der Mechanismus ist mit dem des Feuerzeugs vergleichbar. Ein gerilltes Rad wird durch eine kräftige Feder bewegt und reibt sich am Zündstein (Schwefelkies), der vom Hahn gehalten wird. Funken entstehen. Diese Funken verbrennen das Zündkraut (besonders feines Pulver) in Zündpfanne und Zündloch, und die Pulverladung im Lauf explodiert. Die ewig glimmende Lunte konnte man nun vergessen, der Zündfunke wurde selbst in der Waffe erzeugt. Eine umwälzende Neuheit.
Büchsenmacher, Büchsenschäfter, Eisenschneider, Goldschmiede, Silberschmiede, Meistergraveure und Kammervergolder schufen Meisterwerke. Die Waffe Radschloßbüchse wurde zum wertvollen Kunstwerk hochstilisiert, und die europäischen Fürstenhöfe tauschten die prächtigen Schätze untereinander als wertvolle Geschenke.

Vom Steinschloß zu den Perkussionsbüchsen

Bis in das erste Drittel des 19. Jahrhunderts gewann das Steinschloß an Bedeutung. Es wurde aus dem Schnapphahnschloß entwickelt. Das Steinschloß funktionierte einfach: Der Züngel wird abgedrückt. Die dadurch ausgelöste Feder schlägt den in der Spannrast ruhenden Hahn gegen die bewegliche Batterie in der Schraubenachse. Durch den Aufschlag des Zündsteins (Flintstein) auf die geschmiedete Batterie entstehen Funken. Das Zündpulver in der Pfanne verbrennt, die Pulverladung im Lauf explodiert.
Von diesen Steinschloßgewehren wurden prachtvolle Garnituren angefertigt. Bis zu vierundzwanzig Gewehre gehörten manchmal zu einer Garnitur, und für einen Jagdtag wurde dann auch die ganze Garnitur eingesetzt: Der fürstliche Jäger drückte ab, die Büchsenspanner mußten wieder laden. Im Schnellfeuertempo wurde das in Höfen und Gärten zusammengetriebene Wild aus sicherer Entfernung zusammengeschossen.
Das letzte Hofjagdfest dieser Art war das berühmte Dianenfest bei Bebenhausen im Jahre 1812, auf dem innerhalb von zwei Stunden 823 Stück Wild erlegt wurden, und das Dr. Karl Sälzle im Katalog des Deutschen Jagdmuseums schlicht als Schlachtfest bezeichnet.
Der Prunk verschwand, auch bei den Büchsen. Das Perkussions- oder Kapselzündschloß wurde erfunden. Die Zweckmäßigkeit der Waffe wurde wichtiger als ihr Aussehen. Schaft und Schloß waren nach wie vor üppig mit wertvollen Beschlägen verziert, aber die mechanische Funktion der Waffe gewann deshalb so an Bedeutung,

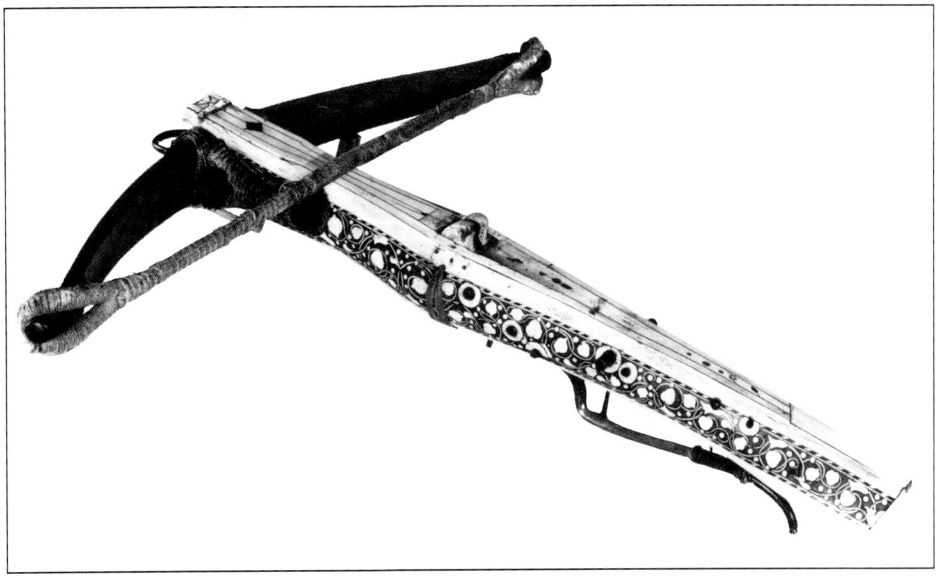

Das ist eine schwere Scheibenarmbrust aus dem Jahre 1582. Die Seitenteile sind mit Intarsien belegt. Die Jäger liebten diese Waffe. Die Ritter lehnten sie als »unmännlich« ab.

weil ab Mitte des vorigen Jahrhunderts auch Bauer und Bürger zur Büchse greifen und Wild erlegen durften.
Die soziale Struktur der Jägerschaft hatte sich verändert – die Waffensysteme wurden den neuen Erfordernissen angepaßt und weiterentwickelt.

Neue Systeme und neue Waffen

Weidmännische Verantwortung beginnt auch dort, wo es gilt, Waffe und Patronen, Leistung und Wirkung, Geschosse und Kaliber so zu wählen, daß das getroffene Wild augenblicklich verendet und zur Strecke kommt. Die Produktionen der Jagdwaffenhersteller haben sich spezialisiert, sind durchdacht und ausgefeilt. Für verschiedene Jagdmethoden muß der Jäger gerüstet sein. Das stellt hohe Ansprüche an die Präzision der Feuerwaffen und auch der optischen Geräte. Im Gewehrschrank des modernen Jägers hängt heute nicht nur eine Flinte . . .

Büchse (Repetierer und einläufige Kipplaufbüchse)

Doppelbüchse

Bockdoppelbüchse

Drilling

Büchsflinte

Doppelbüchsdrilling

Die Büchsen

Büchsen sind Waffen mit einem gezogenen Lauf. Damit sich das Geschoß im Flug nicht überschlägt, wird es kreiselstabilisiert. Diese Kreiselstabilisierung – eine schnelle Rotation um seine Längsachse – erhält das Geschoß durch den Laufdrall. Das sind im Laufinnern schraubenförmig eingefräste oder eingehämmerte Züge.
Bei den Büchsen gibt es verschiedene Typen: Repetier-, Kipplauf-, Block- und Selbstladebüchsen.
Die Repetierbüchse ist eine vielseitige Gebrauchswaffe mit einem weiten Kaliberspektrum. Sie besticht durch ihre hervorragende Schußleistung und die konstant gute Treffpunktlage – auch bei schneller Schußfolge. Sie ist die robuste Idealwaffe für den Kugelschuß.
Die einläufigen Kipplaufbüchsen werden auch nach des Jägers Sonderwünschen angefertigt, oft mit Wechselläufen. Sie sind dementsprechend teuer und elegant in ihrer Bauweise.
Blockbüchsen haben einen Lauf. Der Verschluß ist ein massiver Block, der das Schloßwerk enthält – und nach diesem Block sind die Büchsen auch benannt. Mit der Blockbüchse geht der Jäger auf die Pirsch.
Dann gibt es noch die Heerenbüchsen. Das sind einschüssige Pirschbüchsen mit starrem Lauf. Sie haben einen Vertikalblockverschluß, durch den die Büchse zwar geladen, aber ungespannt getragen werden kann. Spannen und Einstechen ist dann mit nur einer Handbewegung möglich, auch noch im Anschlag.
Speziell für Drückjagden wurden die Doppelbüchsen konstruiert. Das sind Büchsen mit unterschiedlichen Laufanordnungen, wie zum Beispiel die Doppelbüchse mit zwei nebeneinanderliegenden Läufen oder die Bockdoppelbüchse mit zwei übereinanderliegenden Läufen.
Der Bergstutzen ist eine spezielle Variante der Doppelbüchse.
Selbstladebüchsen sind nur mit zwei Patronen im Magazin erlaubt. Bei uns wird diese Waffe normalerweise nicht verwendet.

Hochblattschuß

Waidwundschuß (Kleines Gescheide)

Herzschuß Tiefblattschuß

Nierenschuß

Die Flinten

Flinten sind ein- oder mehrläufige Jagd- und Sportwaffen mit glatten Läufen. Diese Läufe können übereinander (Bockdoppelflinte) oder nebeneinander (Querflinte) liegen. Die Flinte nimmt der Niederwildjäger für Fuchs, Hase, Kanin, Fasan, Rebhuhn und Enten.

Die kleinen Tiere, die sich schnell bewegen, viel schneller als das Großwild, erfaßt die Schrotgarbe mit ihren vielen Einzelschroten weitaus besser als der gezielte Kugelschuß.

Es gibt aber auch die kombinierte Jagdwaffe mit zwei oder mehr Läufen für den Schrot- und Kugelschuß aus einer Waffe. In einem Revier mit großer Artenvielfalt ist sie unentbehrlich.

Für den Fangschuß auf Schalenwild erlaubt das Bundesjagdgesetz die Faustfeuerwaffe. Es gibt viele Jäger, die Pistolen und Revolver ablehnen, aber es gibt Situationen, in denen der Fangschuß mit der Büchse nicht möglich ist – bei einem Verkehrsunfall oder auch in einer unwegsamen Dikkung –, und es kann durchaus heute noch passieren, daß der Jäger durch Wild persönlich in Gefahr gebracht wird. Ein angeschweißter Keiler geht auf den Mann. Eine Kurzfeuerwaffe kann dann seine Rettung sein.

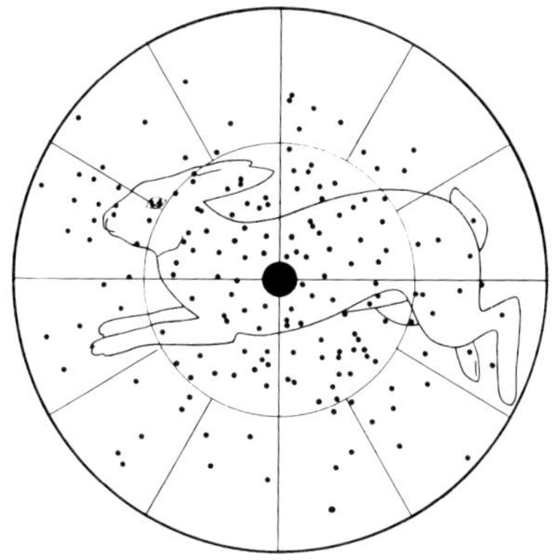

25 m, Normalpatrone

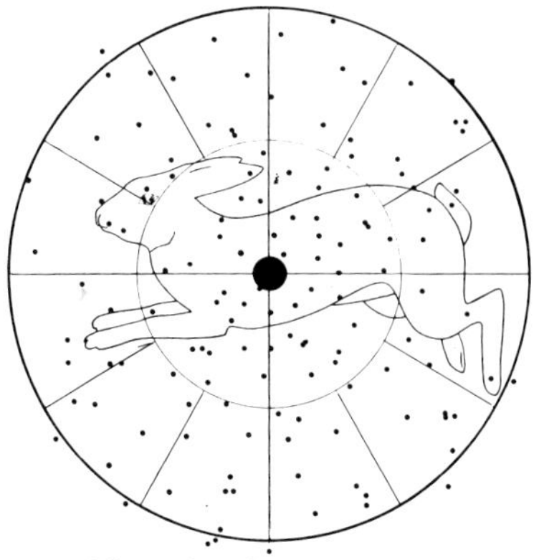

25 m, Jagdstreupatrone

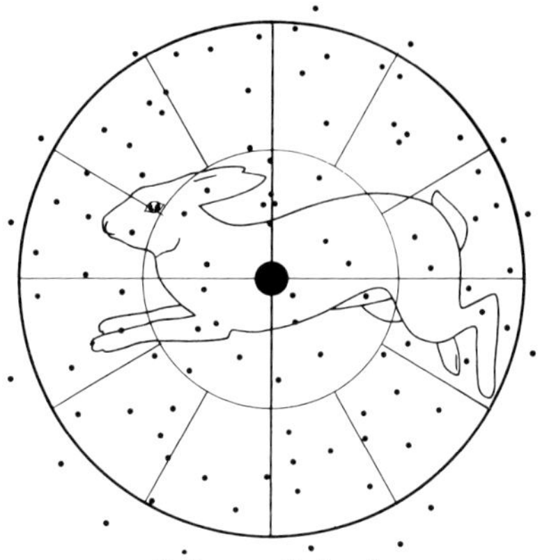

3,5-mm-Schrot

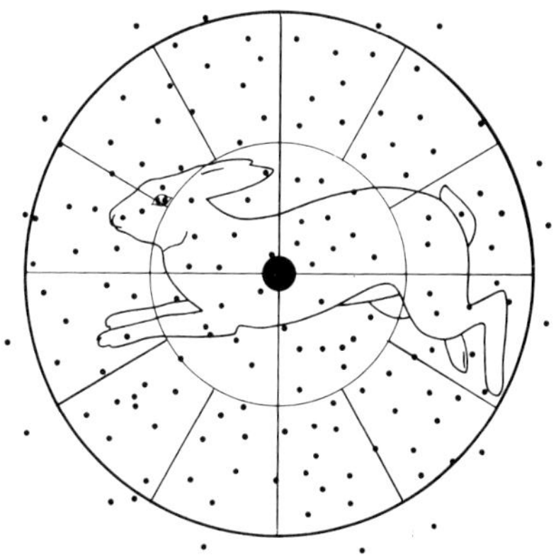

3-mm-Schrot

Mit der Kamera auf Pirsch

Es fängt ganz harmlos an: Irgendwann einmal nimmt er auf den Waldspaziergang die Kamera mit. Wenn ein Reh kommt, soll es fotografiert werden. Das Reh kommt nicht. Ein aufflatternder Fasan ist das einzige Tierchen. Klick. Es erscheint später nur als dunkler Punkt auf dem Kleinbilddia.
Nach dem ersten Mißerfolg geht er entweder nie wieder mit der Kamera auf Pirsch oder aber es hat ihn gepackt. Und ein wunderschönes, zeitaufwendiges, aufregendes und gleichzeitig gesundes Hobby wird den neuen Wildfotografen nicht mehr loslassen. Er braucht eine Spezialausrüstung, einen Blick für Motive, Respekt vor den Wildtieren und möglichst auch den Jagdschein.

Wildfotografie! Für manche ist das ein magisches Wort. Für andere, die sich Naturbildbände oder -zeitschriften regelmäßig anschauen, sind gute Wildaufnahmen Selbstverständlichkeit geworden. Was verbirgt sich hinter dem Wort Wildfotografie? Nur die wenigsten machen sich darüber Gedanken.
Fortschreitende Technisierung, noch bessere Druckqualität und die vielen Wildgehege machen es heute vielen Fotografen leichter als früher. Die »echte« Wildaufnahme wird dadurch abgewertet. Jeder kann mit seiner Normalkamera einen guten Hirsch im Gehege aus nächster Nähe fotografieren. Nur Insider können Verständnis für die Schwierigkeiten verschiedener Aufnahmen aufbringen.
Wer die klassische Form der Wildfotografie anstrebt und sich mit langen Tüten (Teleobjektiven), Ausdauer, Liebe und Einfühlungsvermögen an dieses Gebiet heranwagt, wird feststellen, daß hier mehr verlangt wird, als es die Bilder in Büchern und Zeitschriften erkennen lassen.
Ich möchte versuchen, zwischen den »Normalfotografen« und den fortgeschrittenen Wildfotografen eine Brücke zu schlagen. Vielleicht können sie den einen oder anderen Tip gebrauchen:
Ich fotografiere seit zwanzig Jahren Wild. Mit Kleinbild und Normalobjektiven habe ich begonnen. Heute arbeite ich mit dem Hasselbladsystem. Mit der ELM habe ich eine Kamera, die durch Funkelemente bedient werden kann. Die CM ist ein Gehäuse, das genau wie die ELM als handliche 6 × 6-Kamera mit dem Zentralverschluß ausgerüstet ist. Die 2000 FC gibt mir die ideale Möglichkeit, Objektive aus dem Zentralverschlußsystem und aus dem Schlitzverschlußsystem zu verwenden. Für das Kleinbildsystem habe ich zwei Nikon FE, beide mit Motor.
Für beide Systeme verwende ich Brennweiten von 35 bis 1.500 mm, wobei beispielsweise bei den Spezialoptiken 1.000 und 1.500 mm Zeiss für 6 × 6 die Möglichkeit besteht, über einen Zwischenadapter die lange Brennweite auch für die Nikon zu benutzen, was im umgekehrten Fall nicht möglich ist, da sonst das 6 × 6-System nicht voll ausgeleuchtet würde.
Geräte, ob Kleinbild oder Mittelformat, gibt es in vielen Variationen. Sie sind technisch alle so ausgerüstet, daß sie für die Wildfotografie jede Voraussetzung bieten.

Farbe und Schwarzweiß

Zuerst sollte man versuchen, sich für ein Format zu entscheiden: entweder Kleinbild (24 × 36) oder Mittelformat (6 × 6 oder 6 × 9). Wenn Sie sich für ein Format entscheiden, werden Sie bald mit dem Gerät so vertraut sein, daß Sie in kurzer Zeit alle wesentlichen Abläufe beherrschen.
Kameras mit Bajonettverschluß ermöglichen ein schnelles Wechseln der Objektive. Es ist ratsam, sich zwei Gehäuse zuzulegen, nach Möglichkeit vom selben Kameraformat und Fabrikat, damit alle Objektive auf beide Gehäuse passen und Sie jederzeit Farbdiapositive, Negativcolor oder Schwarzweiß aufnehmen können. Und wenn mal eine Kamera ausfällt, haben Sie ein Reservegehäuse zur Verfügung.
Meine erste Aufnahme gilt immer dem Diapositiv, aus kommerziellen Gründen. Einmal bekomme ich das Dia zur Projektion, und zum anderen kann es Vorlage zum Druck sein wie zum Beispiel für dieses Buch. Außerdem kann ich vom Dia jederzeit einen Farbbildabzug oder auch einen Schwarzweißabzug machen lassen.
Das zweite Gehäuse verwende ich erst dann, wenn genügend Zeit bleibt, um noch schwarzweiß zu fotografieren. Hier kann ich dann mit gelben, gelbgrünen, orangen und anderen Filtern manipulieren.
Die Schwarzweißfotografie kann ungeahnte Effekte widerspiegeln. Ein Rothirsch im Gegenlicht spiegelt sich als Schattenriß im hohen Wuchs des Unterholzes. Mit einem Grünfilter unterstrichen, kommen spiegelnde Wassertropfen, Morgentau und – in der Kolbenzeit (April bis Juni) – jedes einzelne Haar des Bastgeweihs zur Gel-

tung. Man kann Licht, Schatten und Stimmungen hervorheben, die das bloße Auge im momentanen Erfassen des Motives nicht bemerkt und nicht erkannt hat.
Es ist zu empfehlen, daß jeder, der sich auf dieses Gebiet begibt, eine Serie (mehrere Filme) schießt, um sich selbst mit den unterschiedlichen Lichtverhältnissen vertraut zu machen. Sie müssen genau wissen, wo und wann Sie sich auf den Belichtungsmesser verlassen können und wo nicht.
Der Rothirsch, der im guten Licht vor dem Hochwald steht, wird vom Belichtungsmesser mit Sicherheit richtig gemessen und kann richtig übertragen werden. Steht dieser Rothirsch aber im starken Seitenlicht vor einem Hochwald – der Hirsch in der Sonne, der Hochwald im Dunkel –, dann wird der Belichtungsmesser die Werte des dunklen Hochwaldes anzeigen.
Beim Betrachten des entwickelten Filmes werden Sie feststellen, daß der Hirsch in der Sonne ein oder zwei Blenden überbelichtet ist. Sie sollten sich immer in die Situation des Belichtungsmessers versetzen und fragen: Ist dieses Meßinstrument in der Lage, mir die Blendenwerte zu liefern, die ich brauche?
Empfehlenswert sind Kameras, die eine TTL-Messung haben. Das ist ein eingebauter Belichtungsmesser im Sucher, wobei die Messung als Innenmessung durch das Objektiv ermittelt wird. Das bedeutet, daß nur der Bildwinkel gemessen wird, den das benutzte Objektiv erfaßt. Der Bildwinkel eines Normalobjektives 50 mm, Kleinbild, ist wesentlich größer als ein 400-mm-Objektiv. Und bei einer längeren Brennweite kann man eine viel spezifischere Feinmessung vornehmen.
Durch eine Testserie erfahren Sie zuverlässig, ob der TTL-Belichtungsmesser mit der eingestellten DIN-Zahl auch mit der DIN-Zahl des Filmes übereinstimmt. In der Regel zeigen die Meßinstrumente kleine Abweichungen, die sich aber erst nach ein oder zwei Testfilmen erkennen lassen. Es kann sein, daß der Belichtungsmesser etwas zur Über- oder Unterbelichtung tendiert. Auch ist es ratsam, einen kleinen Handbelichtungsmesser bei sich zu führen, damit Sie nicht von der Kamera abhängig sind, falls die Batterie ausfällt oder die Kamera durch einen Schlag oder Stoß Schäden erlitten hat.
Ich sehe die eine oder andere Situation vielleicht etwas übertrieben. Das kommt ganz einfach daher, weil mit meiner Arbeit große Reisen von Südamerika bis Afrika, von Alaska bis nach Arabien verbunden sind. Da kann ich nicht zum nächsten Geschäft laufen, um mir das eine oder andere Teil zu besorgen. Auf meinen Reisen bin ich immer so ziemlich auf alles gefaßt. Es ist wichtig, daß Sie mit Ihrer Ausrüstung verwachsen sind und für alle negativen Begleiterscheinungen auch eine Reserve in petto haben.
Ich habe beispielsweise alle Objektive mit einem UV-Filter ausgerüstet. Der UV-Filter beeinträchtigt die Lichtmessung nicht. Er verhindert aber, daß die UV-Strahlen, die es häufig an der See und im Hochgebirge gibt, auf dem Farbfilm einen Blaustich hinterlassen. Außerdem kann durch diesen Filter das Objektiv nicht verkratzt werden und auf die Linse kein Wasser kommen. Bei der Reinigung des UV-Filters muß ich nicht so zimperlich sein, wie mit der teuren Linse. Ein verkratzter UV-Filter ist für 50 bis 100 Mark wieder zu ersetzen. Er schützt Linsen, die immerhin zwischen 150 und 15.000 Mark kosten.
Um die Geräte vor Schnee, Sand und Staub zu schützen, habe ich alle mit Klebeband umwickelt. Das Klebeband verhindert, daß man sich bei 50 Grad Celsius am Objektiv verbrennt oder bei Temperaturen unter minus 20 oder sogar 30 Grad am Objektiv kleben bleibt.

Glück für den Fotografen: Ein kullernder Birkhahn am Bach.

Ein Wildfotograf braucht drei Beine

Für die Ansitzjagd brauchen Sie ein Stativ. Bei langen Brennweiten verhindert ein Stativ das Verwackeln, und es ermöglicht langsame Verschlußzeiten.
Bei der Pirsch kann sich das Stativ allerdings nachteilig auswirken. Es wäre nicht das erste Mal, daß ich einem Tier gegenüberstehe, Kamera fest auf Stativ und Schulter montiert, und Wild und Fotograf begutachten sich mehrere Minuten.
Der Fotograf verharrt reglos, flach atmend, damit das Gegenüber ihn nicht bemerkt, und seine Majestät, das Tier, verharrt ebenfalls in Starre, weil es seiner Tarnung vertraut und durch keine Bewegung auf sich aufmerksam machen will. So verharren dann beide. Ich habe einen wunderschönen Anblick, aber zu einem Foto kommt es nicht.
Für diese Art Gegenüberstellung habe ich mir speziell ein Einbeinstativ angefertigt. Es ist mein drittes Bein, das die Kopflastigkeit einer langen Brennweite abfängt. Mit diesem Einbeinstativ können Sie noch mit einer hundertstel Sekunde und einer 500-mm-Brennweite Aufnahmen schießen. Unersetzlich ist das Stativ, ob groß oder klein, für Funkauslöser-Aufnahmen. Mit Funkimpulsen ist es möglich, aus gebührender Entfernung und guter Tarnung zu fotografieren.
Auf einer Vogelschutzinsel ist mir folgendes passiert: Hasselblad ELM mit siebziger Magazin (für 70 Bilder) fest installiert an einem Küstenseeschwalben-Gelege. Ich in lauernder Stellung in 60 m Entfernung beobachte das Geschehen und bin nach vier Stunden Ansitz der Meinung, daß ich eine wunderschöne Serie über die Küstenseeschwalbe mit Brutablösung, Eier wenden und hudern habe. Beim Abbauen der Kamera und Abnehmen des Magazins, das schon 70 Bilder anzeigte (obwohl ich der Meinung war, nur ungefähr 40 Bilder geschossen zu haben), fing die Kamera plötzlich an, selbständig zu arbeiten. Später erfuhr ich, daß ich mit der vorbeiführenden Schiffahrt auf einer Frequenz der Funkverbindung lag. Dadurch wurde meine Kamera in wenigen Minuten so bedient, daß der später entwickelte Film siebzigmal zwei Eier im Sand zeigte. Ich hatte noch nicht einmal ein Bild des Vogels. Es gibt jetzt eine neue Funkausrüstung für die ELM; sie ist nicht mehr so empfindlich.
Bei meiner Arbeit ist auch das Brust-

stativ unentbehrlich geworden. Für die verschiedenen Hasselblads habe ich mir ein spezielles Bruststativ selbst angefertigt, denn viele Stative, die es zu kaufen gibt, bieten nicht genügend Bewegungsfreiheit.

Unterschiedliche Kleidung, vom dünnen Hemd bis zum dicken Parka, benötigt ein flexibles Bruststativ, das in der Höhe und auch in der Tiefe unterschiedlich arretiert werden kann. Es gibt beispielsweise für ein ganzes Schnellschußsystem Kleinbild 280, 400 und 600 mm und für das Mittelformat 500 mm ein Bruststativ, mit dem ich über 30.000 Aufnahmen gemacht habe.

Bei den Objektiven ist es wichtig, auch den Unterschied zwischen einer Kamera mit Zentralverschluß und einer mit Schlitzverschluß zu beachten. Alle Novoflex-Schnellschußobjektive sind nur für Kameras mit Schlitzverschluß zu verwenden. Die Kamera selber verfügt nur über die Zeiteinstellung, und im Objektiv ist nur der Blendenkörper enthalten. Das ist für die Wildfotografie sehr vorteilhaft, weil Sie die Möglichkeit haben, von einem Motiv sehr schnell drei Aufnahmen zu machen. Der Blendenring wird in der Regel mit der linken Hand bedient und ist sehr schnell zu betätigen, so daß auch sofort eine Aufnahme mit einer Blende über oder unter dem gemessenen Lichtwert gemacht werden kann. Bei Kameras mit Zentralverschluß – wo die Zeiteinteilung mit der Blende gekoppelt ist – geht das nicht so schnell.

Hier haben Sie allerdings den Vorteil, daß Sie jeweils – immer vorausgesetzt, Sie haben den richtigen Lichtwert ermittelt, in dem Falle Blende 2,8 mit tausendstel, 4 mit fünfhundertstel, 5,6 mit zweihundertfünfzigstel, 8 mit hundertfünfundzwanzigstel usw. – die richtige Zeit der richtigen Blende gegenüberstehen haben. Das Spiel mit der Tiefenschärfe geht schnell, und der Blitz läuft mit allen Zeiten synchron.

Zum Stativ wäre noch zu sagen, daß

Sie stehen im richtigen Licht: Die Bache mit den Frischlingen auf der Suche nach Erdmast. Die naßgesuhlten Federn und Borsten glänzen. Ein lebendiges Bild.

jeder für sich feststellen muß, ob er in der Lage ist, mit der 400-mm-Optik aus freier Hand arbeiten zu können, oder ob er dafür drei Beine braucht. In der Regel gilt Brennweite gleich Verschlußzeit. Mit einer 135-mm-Optik dürfte nicht unter einem hundertfünfundzwanzigstel fotografiert werden, mit einer 400-mm-Optik nicht unter einem fünfhundertstel. Denken Sie daran, daß jeder Pulsschlag umgesetzt wird, und je länger die Brennweite, um so größer ist die Verwacklungsgefahr.

Nach einem Berganstieg oder nach einem gehetzten Fußmarsch muß Ihr Puls erst wieder etwas ruhiger werden. Lehnen Sie sich mit der Optik gegen einen Baum. Das hilft eine verwacklungsfreie Aufnahme zu bekommen. Vor einer Pirsch überzeugen Sie sich noch einmal, daß das Gehäuse auch mit einem Film geladen ist. Es wäre nicht das erste Mal, daß man sich wundert, warum die Kamera beim einundvierzigsten Bild noch nicht sperrt, bis man feststellt, daß der Film mit 36 Bildern gar nicht drinnen war. Das kann passieren, wenn man einen Motor dran hat, bei Handbetrieb merkt man es natürlich früher.

Im Zeitalter der Filme mit Empfindlichkeit 200 und 400 ASA, die noch höher zu züchten sind, ist es wichtig zu wissen, daß ein hochempfindlicher Film bei wenig Licht noch gute Farben und Kontraste liefert. Derselbe Film aber kann Sie enttäuschen, wenn plötzlich die Sonne durchbricht und Sie einen Unterschied von fünf Blenden zu verkraften haben und der Film Licht und Schattenpartien ausgleichen muß.

Versuchen Sie, Ihr Filmmaterial kühl zu halten. Es darf nicht in der prallen Sonne liegen. Für größere Reisen sollten Sie sich Filmmaterial einer gleichen Emulsion und mit dem gleichen Verfalldatum (ziemlich frisch) besorgen. Wenn Sie viele Filme von einer Reise mitbringen, entwickeln Sie erst einen oder zwei. Nach der Entwicklung können Sie feststellen, ob Ihr Belichtungsmesser sicher gearbeitet hat oder ob es ratsam wäre, das restliche Filmmaterial etwas länger zu entwikkeln. Wenn das ganze Material erst durch die Entwicklung gelaufen ist, müssen Sie sich damit abfinden, was am anderen Ende herauskommt.

Versuchen Sie, Ihre Ausrüstung geräuschdämmend zu verpacken und zu betätigen. Das trifft sowohl für die Kameraausrüstung als auch für die Kleidung zu. Vermeiden Sie, daß blendende Chromteile weithin sichtbar reflektieren. Ich habe mir beispielsweise für alle Kameras mit dem für den Pirschgang vorgesehenen Objektiv einen Lederbeutel anfertigen lassen. Hier sind Kamera, Objektiv, Bruststativ als eine Einheit griffbereit, leicht zu tragen und wetter- und windgeschützt.

Tragen Sie geräuschdämmende Kleidung. Loden ist besser als Popeline. Lodenkleidung raschelt nicht, wenn sie auch nicht wasserabstoßend wie ein Parka ist. Auch hier ist es wichtig zu überlegen, auf welche Pirsch ich gehe. Schalenwild ist besonders geräusch- und geruchsempfindlich. Auf einer ornithologischen Pirsch ist das einfacher. Vögel lassen sich in erster Linie durch optische Eindrücke vergrämen. Für Vogelaufnahmen habe ich mir ein Tarnzelt anfertigen lassen, damit der Vogel sich nicht gestört fühlt. Das Zelt sollte man einige Zeit vorher aufbauen, damit sich das Tier in Ruhe an die veränderte Umwelt gewöhnen kann.

Das Jagdjahr mit der Kamera hat zwölf Monate

Dem ernsthaften und zukünftigen Naturfotografen kann ich nur empfehlen, sich erst mit den Verhaltensweisen der Tiere vertraut zu machen. Es wäre töricht, in ein Naturreservat einzudringen und womöglich ganze Brutkolonien munter zu machen oder gar Rotwildrudel aus einer Dickung zu vertreiben. Sie sollten sich vorher mit dem Revierverantwortlichen absprechen; vielleicht ist er bei den Aufnahmen behilflich.

Das Jagdjahr mit der Kamera hat zwölf Monate, und jede Jahreszeit hat ihren Reiz und ihre Besonderheiten. Von Februar bis April, wo die Rehböcke ihr Gehörn schieben, was sich beim Rothirsch von April bis Juni, beim Damhirsch von Mai bis August hinzieht. Vom März bis zum Mai, wenn die Bachen ihre Frischlinge werfen. Im Mai, Juni und Juli, wenn Rotwild, Rehwild, Damwild, unser gesamtes Raubwild, Fuchs, Marder, Dachs, ihre Jungen ausführen, lohnt es sich anzusitzen und auszuharren. Im Juni, Juli, August brüten fast alle Vögel, und die ersten Jungen fliegen schon aus; an der See etwas später als bei unseren Horst-, Nest- oder Nischenbrütern innerhalb des Landes.

Wenn der Wald sich verfärbt, im September, Oktober, zur hohen Zeit des Rotwildes, ist die Hirschbrunft mit ihren malerischen Begegnungen eines der eindrucksvollsten Erlebnisse. Im November, Dezember, die Zeit der Brunft von Muffel-, Stein- und Gamswild, die dem Fotografen im Gebirge große Strapazen auferlegt, spielt sich auch das seltene und schönste Naturerlebnis ab: die Balz des Auerhahnes.

Viele Motive gibt es nur einmal im Jahr und in der Regel auch nur wenige Wochen lang. Für Brunft, Balz oder Brutzeit ist es unbedingt notwendig, daß Sie sich mit den von der Natur bestimmten Zeitabläufen vertraut machen.

Das oberste Gebot sollte für jeden Fotografen sein, nicht um jeden Preis dem Wild nachzustellen. Die Achtung vor dem Tier, besonders dem Muttertier, sollte niemals vergessen werden. Nur so kann man wirklich zufrieden das fertige Bild betrachten, ohne hinterher einen bitteren Beigeschmack zu haben. Der Fotograf, der sich ein Rehkitz so zurechtlegt, daß es nicht vom Gegenlicht getroffen wird, obwohl er genau weiß, daß die Ricke ihr Kitz dann nicht mehr annimmt, weil es von Menschenhand berührt wurde, oder wer an einem Vogelnest die tarnenden Zweige entfernt, um einen besseren Einblick in das Nest zu haben und die Jungen der prallen Sonne aussetzt, der sollte sich ein anderes fotografisches Gebiet aussuchen.

Viel Erfolg und gut Licht wünsche ich aber all denen, die versuchen, ihrer Passion verantwortungsvoll nachzugehen.

Horst Niesters

Die Trophäe

Sie ist Lorbeer für erfolgreiche Hegearbeit.

*

Sie ist zur Statue erstarrte Erinnerung an den Moment »Jagdglück«.

*

Sie ist Memorabilie im Tagebuch eines Jägers.

Sie ist Kunstwerk des Schöpfers Natur.

*

Sie ist Dokument ursprünglicher Wuchsformen.

*

Sie ist das Halali, das nie verklingt.

Die Geweihsammlung von Maximilian Graf von Arco-Zinneberg (1811–1885) im ehemaligen Stadtpalais am Wittelsbacher Platz in München; der Grundstock für das Deutsche Jagdmuseum.

Ein guter Sechserbock: Sein Gehörn hat kräftige Stangen mit guter Perlung. Die Enden der Vorder- und Hintersprossen sind weißpoliert. Eine Trophäe.

Dieses eigenartige Gebilde auf dem Kopf des Rehbocks ist ein Perückengehörn; ein Gehörn, das nicht abgeworfen wird und während der Zeit der normalen Geweihbildung weiterwächst. Es wird nicht gefegt und verhärtet auch nicht richtig. Die abnormen Wucherungen, die durch verletzte Brunftkugeln (Hoden) entstehen können, wachsen oft bis an den Äser. Perückböcke verenden in wenigen Jahren.

Beim Damhirsch kommt es auf die Schaufelbreite, auf deren Ebenmäßigkeit, Wucht und Endenbildung an.

Ein ungerader Zwölfender. Beim Bewerten der Rothirschtrophäe entscheiden Stangenlänge, Umfang der Stangen, Endenzahl und die Kronen.

Das Geweih ist ein unglaublich verschwenderisches Gebilde der Natur. Es ist ein Knochengebilde, das beim Rothirsch mehr als zwölf Kilogramm wiegen kann (es gibt Spitzentrophäen mit achtzehn Kilogramm). Dieses Geweih wird jährlich abgeworfen und jedes Jahr immer wieder neu aufgebaut – in vier bis fünf Monaten.

Bei jedem Hirsch wächst es jedes Jahr in einer anderen Stangenenden- oder Kronenbildung. Die jungen Hirsche schieben dünne Stangen, wenige Enden und kleine oder keine Kronen. Die mittelalten Hirsche bauen schon eine kleine Trophäe auf. Nach dem fünften Lebensjahr werden die Kronen gebildet.

Gutveranlagte Rothirsche in dieser Altersklasse müssen geschont werden. Vielversprechende – und wer vielversprechend ist, das liest der Jäger auch (nicht nur) am Geweih ab – müssen alt werden. Starke Hirsche sollen als Arterhalter im Revier lange zur gesunden Vermehrung beitragen. Hirsche, die hingegen nach ihrem fünften Lebensjahr noch keine Kronenbildung zeigen, werden zum Abschuß freigegeben, da sie sich kaum noch zum Kapitalhirschen entwickeln werden.

Die stärkste Geweihentwicklung zeigt der Hirsch zwischen dem zwölften und vierzehnten Lebensjahr. Danach – oder auch schon ab dem zwölften Lebensjahr – setzt der Hirsch mit der Geweihbildung zurück, das heißt, jedes neu geschobene Geweih wird in jedem Jahr geringer. Diese Tiere werden wegen Überalterung geschossen.

Vom Hirsch gibt es nicht nur das Geweih. Hirschgrandeln und die Haken (Zähne) der Tiere werden zu Schmuckstücken (Ringen, Nadeln, Anhängern, Broschen) verarbeitet. Die Tierhaken sind besser (dunkelbraun) gefärbt als die Hirschgrandeln, sie müssen aber dunkel aufbewahrt werden, da Helligkeit den Farbton verdirbt.

Jagdtrophäen sind natürlich auch die Schaufeln des Damhirsches, das Gehörn des Rehbocks, die Krucken der Gams, die Schnecken des Muffelwidders, die Gewehre des Keilers, die Fuchsfänge, die Feder vom Spiel des Birkhahnes, die Schnepfenfedern (Malerfedern und Schnepfenbart), die Fe-

Ein verwachsenes Rehgehörn: Rosenstock, Rosen und Stangen sind bis zur Höhe der Augsprossen miteinander verwachsen. Oberhalb der Rose entspringt nach vorne ein überzähliges Ende. Stangenverwachsungen können entstehen, wenn die beiden Rosenstöcke miteinander verschmolzen sind.
Die Abnormität kann sich aber auch bei sehr eng gestelltem Gehörn durch Verletzung der noch nicht erhärteten Knochenhaut bilden.

dern vom Stockentenerpel und auch die Magensteine des Auerhahnes. Das sind die kleinen, rundgeschliffenen Quarzsteinchen, die alle Waldhühner im Magen als Weidkörner »benutzen«.

Die erste internationale Trophäen-Ausstellung, die zum erstenmal mit formelmäßigen Bewertungen arbeitete, fand 1928 in Budapest statt. Vorher gab es auch schon Ausstellungen – die erste war 1860 in Österreich –, aber da haperte es noch mit dem Bewertungssystem. Es lag ausschließlich am Gutachterblick der Jury. Das konnte natürlich nicht gutgehen. Inzwischen ist das alles viel strenger und sogar amtlich geworden. Die Jagdbehörde kann Trophäenschauen anordnen. Bei den Trophäenschauen erfolgt eine gleichmäßige Beurteilung der Trophäen (Geweihe, Gehörne, Gamskrukken, Muffelschnecken, Keilerwaffen, Schädel und Bälge) nach einheitlichen Bewertungsformeln.

Trophäen des Federwildes: 1 = Birkhahnstoß, 2 = Malerfeder des Eichelhähers, 3 = Malerfeder der Schnepfe, 4 = Erpelhaken, 5 = Fasanfeder.

Die Situation des Wettbewerbs – und die ist nun einmal auf jeder Ausstellung gegeben – fordert natürlich Spitzenleistungen, sprich Spitzentrophäen, und so werden die Trophäen und auch der Anteil der Spitzentrophäen immer größer, gewaltiger, wuchtiger, vielendiger.
Seitdem es Bücher gibt, in denen Rekorde der Jäger gedruckt werden, werden Rekorde für diese Bücher geschossen, sagt man. Das wird wohl auch so sein, aber sollte man diese Leute so ernst nehmen?
Sie haben auf jeden Fall nichts mit dem Jäger gemeinsam, der in seiner Jagdstube mit seinen Jagdfreunden auf der Holzbank bei Hirschleber oder gegrillten Wildschweinherzen und einem guten Gläschen zusammensitzt, und über ihnen hängen die mehrendigen Erinnerungen.

Dieses Hirschgeweih stammt aus Kärnten. Es ist ein ungerader Vierzigender. Rechts hat er achtzehn und links zwanzig Enden. Für die Zählung wird immer die Stange mit der höheren Endenzahl verdoppelt. Ungewöhnlich an dieser Trophäe ist die flammenartige Kronenbildung. Die Stangen haben eine Länge von 113 cm (rechts) und 97 cm. Die äußere Auslage beträgt 132 cm.

Ein ungewöhnliches Rehgehörn aus Ulm. Es stammt aus dem Jahre 1840. Mittel- und Endsprosse bilden je eine Schaufel mit vier Enden. Auch die beiden Augsprossen haben schaufelartige Verbreiterungen.

Dieses 24 cm hohe Rehgehörn hat eine außergewöhnlich reiche Perlung. Viele Perlen sind bis zu 2 cm lang. Auf ihren Stielen sitzen blumenartige, oft weitverzweigte Gebilde, die bis zu einem Durchmesser von 2,5 cm ausladen. Auch die Rosen sind reich gegliedert und bestehen aus einer Reihe napfförmiger Bildungen, die nur an ihrer Basis miteinander verwachsen und deren Ränder ähnlich wie die Enden der Stangen in kleine Ästchen aufgeteilt sind. Das ist das typische Bild von sehr gut ausgebildeten Kranzrosen.

Das ist ein ungerader Zehnender. Außergewöhnlich sind die beiden starken Stangen. An der stärksten Stelle mißt ihr Umfang 5,1 cm (rechts) und 5,8 cm (links). Die dachförmig gebauten Rosen haben einen Durchmesser von 8,1 cm (rechts) und 8,5 cm (links).

Vom Ansitz bis zur Pirsch

Kleine Pause – kurze Besprechung. Feldjagd auf Federwild: auf Rebhuhn (rechts), auf Fasan (unten).

Wer das Recht erwerben will zu jagen, hat erst einmal Pflichten. Wer jagen will, muß lernen. Sehr viel lernen. Denn – bevor der Mensch ein Jagdausübungsberechtigter wird, muß er eine Jägerprüfung ablegen.
Bei dieser Jägerprüfung werden Erfahrung und Wissen schriftlich, mündlich und praktisch geprüft. Es wird viel verlangt und seit dem Jahre 1979 noch strenger geprüft, ob sich der Anwärter auch wirklich auskennt: Bei den Tierarten, bei der Wildbiologie, der Wildhege, der Wildschadenverhütung, im Jagdbetrieb überhaupt; er muß sich auskennen bei der Biotophege, er muß etwas von Land- und Forstwirtschaft verstehen, er muß das Waffenrecht kennen, Waffentechnik und das Führen von Jagd- und Faustfeuerwaffen muß er ebenso beherrschen wie das Führen von Jagdhunden. Er muß wissen, wie erlegtes Wild behandelt wird, und beim Wildbret beurteilen können, ob es als Lebensmittel verwendet werden kann. Der Prüfling muß Kenntnisse im Landschaftspflegerecht und im Jagd-, Tierschutz- und Naturschutzrecht nachweisen. Ganz besonderer Wert wird auf Jagdwaffenkunde, »Leistungen in der Handhabung von Jagdwaffen und jagdliches Schießen« verlangt. Wenn diese Leistungen nicht mindestens ausrei-

chend sind, nützen auch alle anderen guten Leistungen nichts – die Prüfung gilt dann als nicht bestanden!
Nicht nur Jungjäger – auch »alte Hasen« müssen sich über das Jagdrecht informieren, da es jedes Jahr neue Verordnungen der jeweiligen Länder geben kann.
In der Bundesrepublik Deutschland regelt das Bundesjagdgesetz das allgemeine Jagdrecht; es ist seit dem 1. 4. 1953 in Kraft und versteht sich nur als Rahmengesetz. Das bedeutet, die Regelung des Jagdwesens wird von den einzelnen Bundesländern verantwortet. Jedes Bundesland erläßt eigene Landesjagdgesetze, die die Bestimmungen des Bundesjagdgesetzes wahrnehmen und den jeweiligen landschaftlichen und jagdlichen Erfordernissen des jeweiligen Landes entsprechen.
Das Bundesjagdgesetz ist durch einige neue Bestimmungen abgeändert worden, die seit dem 1. 4. 1977 Gültigkeit haben. Über die wesentlichen Bestimmungen muß der Prüfling informiert sein. Er muß sie aber nicht auswendig lernen. Wichtig ist, daß er die Bestimmungen des Landes kennt, in dem er wohnt und die Prüfung ablegen will.
Die Texte der Landesjagdgesetze gibt es in Buchhandlungen zu kaufen. Praktisch ist das Taschenbuch »Das Jagdrecht im Lande . . .«, da es mit erklärenden und verstehbaren Kommentaren versehen ist.
Das Jagdrecht ist die ausschließliche Befugnis, auf einem bestimmten Gebiet wildlebende Tiere, die dem Jagdrecht unterliegen (Wild), zu hegen, auf sie die Jagd auszuüben und sie sich anzueignen. Mit dem Jagdrecht ist die Pflicht zur Hege verbunden.
Ziel der Hege ist es, die den landschaftlichen und landeskulturellen Verhältnissen angepaßten artenreichen und gesunden Wildbestände zu erhalten sowie die Lebensgrundlagen des gesunden Wildbestandes zu pflegen und zu sichern. Die Hege muß so durchgeführt werden, daß Beeinträchtigungen einer ordnungsgemäßen land-, forst- und fischereiwirtschaftlichen Nutzung, insbesondere Wildschäden, möglichst vermieden werden.
Bei der Ausübung der Jagd sind die allgemein anerkannten Grundsätze deutscher Weidgerechtigkeit zu beachten. Die Jagdausübung erstreckt sich auf das Aufsuchen, Nachstellen, Erlegen und Fangen von Wild.
Das Recht zur Aneignung von Wild umfaßt auch die ausschließliche Befugnis, sich krankes oder verendetes Wild, Fallwild und Abwurfstangen sowie die Eier von Federwild anzueignen. Das Jagdrecht unterliegt den Beschränkungen dieses Gesetzes und den in seinem Rahmen ergangenen landesrechtlichen Vorschriften.
Das Rahmengesetz reguliert weiterhin, welche Tierarten dem Jagdgesetz unterliegen und welche nicht. Die einzelnen Bundesländer können weitere Tierarten bestimmen, die dann unter dieses Jagdgesetz fallen, und sie haben die Möglichkeit, die Jagdzeiten abzukürzen oder aufzuheben. So sind im Saarland zum Beispiel Fasanenhennen ganzjährig geschont, in Bayern können sie vom 16. 11. bis 31. 12. bejagt werden, in Nordrhein-Westfalen dürfen Fasane sogar vom 16. 10. bis 15. 1. bejagt werden.
Die Prüfungsbedingungen für den Jungjäger sind seit 1979 durch die Prüfungskommissionen wesentlich erhöht worden. Aber schon immer haben die Jungjäger über das Lernpensum gestöhnt. Wer in einem klimatisierten Raum eines Berliner Wohnhauses mitten in der Stadt sitzt und sich mit dem Dutzend Lehrbücher umgeben hat, das der Jungjäger nun einmal zum sorgfältigen Studium braucht, dem wird sehr bald der Kopf rauchen, so daß die Jagd für ihn nur graue Theorie und nicht grüne Praxis ist. Stundenlanges Büffeln in den vier Wänden nützt nicht viel, wenn man nicht in der Lage ist, sein theoretisches Wissen in der Natur bestätigt zu finden.
Die wichtigsten Lehrbücher gibt es im Taschenbuchformat. Mit seinem Buch und seinen schon durch das neu erworbene Wissen geweckten Jagdsinnen sollte sich der Jungjäger so oft wie nur irgend möglich, vielleicht auch zum Lernen, lieber auf den verharzten Baumstumpf in der Schonung als in den schaumgummigepolsterten Sessel in der Wohnung setzen. Das Lernen im Freien, vielleicht sogar auf dem Hochsitz (geräuschlos!), übt gleichzeitig eine Eigenschaft, die jeder Jäger haben muß: alle fünf Sinne wachhalten, mucksmäuschenstill sein und geduldig warten, ob die Ricke vielleicht doch noch mit ihren Kitzen vorbeizieht.

Die Jägersprache

»Da muß ich ja wieder anfangen Vokabeln zu lernen, wie in der Schule!« Entsetzen beim Neuling, der ein Jäger werden möchte. Wer aber schon als Kleinkind mitbekommen hat, daß der Papa – abends, wenn er von der Arbeit nach Hause kommt – seine weichen grünen Sachen anzieht, die Büchse aus dem Schrank holt und die Asta anleint, der wird sicherlich niemals in seinem Leben »Hörner« zum »Rehgehörn« oder »Euter« zum »Gesäuge« sagen.
Für ihn gehören die Begriffe wie Nachsuche, Ansitz, Keiler, Sauhatz, Sprung und Rudel zum normalen Sprachgebrauch, zumindest wenn er mit dem Papa spricht, und es wird für den Jägernachwuchs nichts Schöneres auf der Welt geben, als wenn er mit dem Papa in den Wald, vielleicht sogar einmal auf leisen Sohlen auf eine Pirsch mitgehen darf.
Der Nachwuchs in einer Jägerfamilie ist in den meisten Fällen auch Jägernachwuchs. Daraus werden auch die Jäger, die zeitlebens Jäger bleiben.
Um sich nicht zu »verbleffen«, muß der Jungjäger einige hundert Begriffe auswendig lernen. Die Sprache des Jägers ist aus intensiver Naturbeobachtung und auch aus schwärmerischen und poetischen Weidwerkhymnen entstanden.
Der Deutsche Jagdschutzverband freut sich in seiner Verbandszeitschrift (Nr. 5/79): ». . . daß die weidmännischen Begriffe nicht nur im jagdlichen Alltag zur Geltung kommen, sondern auch im allgemeinen Schrifttum in zunehmendem Maße Geltung finden. Grund für die Übernahme weidmännischer Ausdrücke auch in jagdunspezifische Publikationen ist in großem Maße die Tatsache, daß sich die Jä-

Das gehört dazu: Der Jagdleiter bittet, die Jagdscheine vorzuzeigen.

Das Treiben hat begonnen. Der Schütze steht im Anschlag.

gersprache durch eine lebendige und naturnahe Bezeichnung der Dinge hervortut. So ist es nicht zuletzt ein Stück Poesie, das zum Ausdruck kommt, wenn man zum Beispiel die Ohren des Rehes mit »Lauschern«, die Augen mit »Lichtern« und die Nase mit »Windfang« bezeichnet.«

Der Deutsche Jagdschutzverband wollte es einmal genau wissen: »Etwa 2.000 bis 3.000 Begriffe sind es, die den Umfang der heutigen Jägersprache ausmachen.« (In dem Buch »Jägerprüfung« wird von ca. 6.000 Begriffen gesprochen. Anm. d. A.)

»Daß die Jägersprache darüber hinaus weit mehr Begriffe beinhaltet – nämlich 12.000 bis 13.000 – hat Frau Dr. Sigrid Schwen von der ›Arbeitsgemeinschaft für Deutsche Jägersprache‹ der Universität Erlangen im Laufe ihrer über zehn Jahre währenden Forschungsarbeit festgestellt. In dem 10.000-Seiten-Manuskript werden weidmännische Begriffe erläutert und kommentiert, die bis zum 7. Jahrhundert zurückreichen.

Mit ihrem großen Wortschatz ist die Jägersprache Deutschlands umfangreichste Sondersprache. Keine handwerkliche Zunft kann einen auch nur annähernd so großen Fachwortschatz aufweisen. Hierin kommt unter anderem auch zum Ausdruck, daß die vielfältigen Wortschöpfungen, die das Weidwerk im Laufe seiner Geschichte hervorgebracht hat, in höchstem Maße sprachkulturelle Entwicklungen mitbestimmt haben.«

Ein Mensch, der Jäger wird, gibt die Sprache des Jägers niemals mehr auf. Es wird ihm nicht mehr möglich sein, von der Zunge statt vom Lecker des Wildes zu sprechen.

Wer die Jägersprache beherrscht, wird die große Bereicherung sehr schnell empfinden; spätestens dann, wenn er sicher ist, daß er sich nicht mehr »verbleffen« kann. Dann gehört er dazu, dann ist er aufgenommen in den Kreis der Jäger.

Vom Anstand bis zum Treiben

Wie der Jäger in seinem Revier jagt, richtet sich nach seiner Erfahrung und natürlich nach der Art seines Wildes. Und nach der Größe seines Revieres. Für viele ist die Pirsch die reizvollste Art zu jagen. Man geht auf die Pirsch allein – oder auch mit einem Kollegen. Die Pirsch erfordert viel Jagderfahrung, und vor allem muß der Jäger sein Revier an jeder Ecke kennen. Bei der Pirsch schleicht der Jäger auf einem Pfad, den nur er kennt und den nur er für die Jagd benutzt und auf dem keine Spaziergänger Zweige achtlos fallengelassen haben, die dann knacksen, wenn der Jäger am späten Nachmittag sein erstes Wild erspäht. Dann ist es nämlich vorbei. Die Rehe sind gewarnt und werden sich an diesem Tag nicht mehr blicken lassen.

In großen Feldgebieten ist das Böhmische Treiben oder die Böhmische Streife besonders sinnvoll: Schützen und Treiber bewegen sich in Form eines nach vorn offenen Rechtecks vorwärts.

Die besten Pirschzeiten sind am Morgen oder am späten Nachmittag und nach heftigen Regengüssen. Auf jeden Fall sollte es windstill und der Himmel voller Wolken sein. Es darf neblig sein, es darf sogar schneien. Bei Sturm und Hitze bleibt das Wild in der Dickung.

Der Anstand

Der Anstand oder der Ansitz hat sehr viel Reiz. Da ist zunächst einmal der sehr anschauliche, daß sich der Jäger, der ja tagsüber in den meisten Fällen geldverdienenderweise strapaziert wurde, zunächst einmal auf dem Hochsitz in der frischen Luft entspannen kann. Es wird aber nicht lange dauern, nach dem ersten Durchatmen wird er schon seine Sinne wieder anspannen. Ob er will oder nicht, ein Jäger kann nicht anders. Das nennt man Passion. Seine Ohren hören mehr als andere.
Er braucht nicht das Göck-göck zu hören. Das schwerfällige Flattern allein reicht schon – und er weiß, daß ein Fasan aufgeflogen ist. Büchse und Fernglas sind abgelegt. Der Jäger gibt sich ganz dem Waldnebel hin – an den harzigen Stamm des Hochsitzes gedrückt – und atmet mit geschlossenem Mund durch die Nasenflügel. Kein Geräusch darf von ihm ausgehen. Jedes nichttierische Knacksen würde die stille Welt der Wildtiere zerbrechen, ihren Weg zum Wechsel stören. Der Jäger sitzt in der blauen Dämmerung bis das letzte Büchsenlicht verlischt.

Die Suche

Die Suche auf Rebhuhn, Fasan und Hasen und auch die Suche im Schilf

auf Enten gehören zu den alltäglichsten Jagdarten, wenn man bei der Jagd von Alltag überhaupt sprechen kann.
Bei der Suche im Wald spricht man vom Buschieren. Der Hund, der gut vorsteht, gehört natürlich dazu, bei der Feldsuche und auch beim Buschieren. Die Suche kann sich der Jäger nur in einem großen Revier leisten, und dann auch nicht oft. Suchen beunruhigen das Wild und vergrämen es.

Die Treib-, Drück- und Riegeljagd

Wenn mehr als vier Personen an einer Jagd teilnehmen, dann gilt die Jagd schon als Gesellschaftsjagd, und wie viele Treiber und Schützen sich an einer Gesellschaftsjagd beteiligen, liegt an der Art der Treibjagd.
Bei der Drückjagd braucht man wenige Treiber. Da kommt es nur darauf

Ein zünftiger Streckenwagen. Die Stangen, an den die Hasen mit den Hinterläufen zusammengebunden hängen, liegen quer auf den Leitern des Wagens.

Die Hasen dürfen auf der Stange nicht zu dicht hängen, damit sie abkühlen können und nicht »verhitzen«.

an, die Tiere mit ruhigem Verhalten zu veranlassen, ihre Einstände zu verlassen. Sie werden nicht gescheucht oder gehetzt, sondern ruhig den Schützen zugetrieben. Es gibt auch eine Art Drückjagd, bei der stellen sich die Schützen nur am Wildwechsel an. Drückjagden werden gern auf Hochwild und Füchse abgehalten. Aber wenn der Jagdleiter vor Beginn der Jagd auch anderes Wild, vielleicht Hühner und Schnepfen oder auch Rehe noch freigegeben hat, so können diese auch mit erlegt werden. Ist anderes Wild nicht freigegeben, darf es auch unter keinen (noch so verlokkenden) Umständen erlegt werden.

Die Zeit der Treibjagden beginnt im Herbst, wenn die Felder abgeerntet sind und das erste Herbstlaub fällt. Im Winter, wenn es nicht zu kalt und naß ist, der Schnee trocken liegt und sich der Wind ruhig verhält, gibt es ideales Treibjagdwetter.

Für Treiber und Schützen gibt es für jede Art von Treibjagd ausführliche Regeln und Vorschriften, die jeder einzelne Jäger beherrschen muß. Außerdem wird jeder Gesellschaftsjagd ein Plan zugrundeliegen, den der Jagdleiter vorher mit den Schützen und Treibern ausführlich besprechen wird. Der jeweilige Jagdleiter ist die absolute Autorität. Es ist unbedingt notwendig, daß seine Anordnungen befolgt und daß während der Jagd die Hornsignale ebenso »gehorsam« beachtet werden.

Die Lockjagd

Die Lockjagd hat ihren ganz besonderen Reiz. Sie erfordert ungeheuer viel Reviererfahrung. Bei der Lockjagd ahmt der Jäger die Laute des Wildes oder auch die seiner Beutetiere nach, um es zum Zustehen zu bringen.

Mit dem Hirschruf wird der Hirsch in der Brunftzeit eifersüchtig gemacht und damit angelockt. Der Fuchs wird gelockt, indem der Jäger mäuselt: Er piepst wie eine Maus oder klagt wie ein Hase. Alle diese Lockgeräusche kann der Jäger entweder selbst mit dem Mund und mit Hilfe eines Blattes oder Grashalmes ausführen, oder aber er benutzt mechanische Hilfen; es gibt für jede Lockart Locker zu kaufen. Aber auch für die Lockinstrumente braucht man einen großen Schatz an Erfahrung. Meistens haben sie ver-

Die Alten zeigen es den Jungen. Sie bereiten Jungjäger auf die Prüfung vor.

Für die Jagd mit dem Frettchen benutzt man möglichst ein handzahmes Tier. Gut abgerichtet, braucht es weder Maulkorb noch Glöckchen.

schiedene Tonlagen, und der Jäger muß sich seinen Locker erst einmal richtig einstellen. Dazu muß er aber genau wissen, wie zum Beispiel ein Alttier mahnt oder eine Ricke fiept.

Die bekannteste Lockjagd ist die Blattjagd auf den Bock. Die Zeitschrift »Jäger« (Nr. 7, Jahrgang 1978) hat die Blattjagd als vergessene Kunst bezeichnet und läßt einen Jäger zu Wort kommen, der diese Kunst meisterhaft beherrscht. Für R. M. Dranier ist die Jagd auf den herangeblatteten Bock die Krönung der Rehjagd. Das macht die Jagd zum Duell. Es ist die wirkliche, erlebte Auseinandersetzung mit dem Wild. Dranier wird diese Augenblicke nicht vergessen:

»Nach zweistündiger Pirsch kauere ich an einem frisch aufgeforsteten Hang am Boden und blinzele in die 8-Uhr-Sonne. Mein Jagdfreund hockt neben mir und harrt der Dinge, die auf den Fieplaut einspringen sollen. Aber noch warten wir fünf Minuten. Wir haben es uns fest vorgenommen: Dies wird der letzte Versuch an diesem Spätjulimorgen. Denn an drei verschiedenen Plätzen hatte ich bereits geblattet, aber die Böcke wollten nicht springen. Noch ein Rundblick, jetzt ist es soweit: Ich fasse den knapp halbzentimeterbreiten Grashalm, lege ihn waagrecht zwischen die Lippen, spanne ihn mit den Zeigefinger- und Daumenkuppen beider Hände und blase vorsichtig über die messerschmale Kante des Halmes den Ton an. Ein leises ›Fiep‹ ertönt. Ja, so ist es recht. Der richtigen Tonlage sicher, stoße ich auf dem Grashalm, mal laut, mal leise, vier, fünf Pieplaute innerhalb von fünf bis sechs Sekunden in Richtung der schräg unter uns liegenden Dickung aus. Ich will dem Bock eine am Kahlschlaghang ziehende brunftige Ricke vortäuschen. – Ob dies gelingt?

Angespanntes Warten, ein brechendes Ästchen knackt, die Spitze einer jungen Randfichte wackelt, achtzig Schritt vor uns. Dann erscheinen Lauscher und der Windfang – Sekunden atemloser Stille, in die jetzt eine Drossel hineinzetert. Und mit einem Sprung setzt ein Bock aus der Dikkung, plätzt und fegt erregt an Dürrästen.

Jetzt den Standfieplaut: einmal, zweimal. Der Bock wirft ruckartig auf, springt ein paar Fluchten auf uns zu, äugt umher, prüft den Wind und zieht nun Schritt um Schritt hangwärts. Als sein Haupt von einem Büschel Eberereschenstockausschläge verdeckt ist, hebe ich das Doppelglas vor die Augen. Dieser Bock soll's sein: Er ist mittelalt, drei-, vielleicht vierjährig, klein von Wuchs und hat dünne, gamsartig nach hinten gebogene Stangen mit nur angedeutetem Gabelansatz. Ein Abschußbock! Der Bock zieht unaufhaltsam näher. Mir kribbelt es unter dem Hemd, das Jagdfieber treibt kleine Schweißperlen auf die Haut.

Nun steht der Bock, aber im toten Winkel. Dies ist gerade recht. Das Fernglas rutscht auf die Brust, die Büchse wird gefaßt und Millimeter für Millimeter über die angezogenen Knie geschoben. Jetzt sitze ich im Voranschlag mit aufgestützten Ellenbogen. Doch der Bock bleibt noch unsichtbar. Der linde Seitenwind kitzelt am Halse, Schweiß tropft von der Stirn.

Und schließlich die Begegnung: Licht in Auge auf höchstens zwanzig Schritt. Unauffällig war der Bock zuletzt im für uns toten Blickwinkel im Schutze des Hanges auf uns zugezogen. Noch immer näher schiebt er sich heran. Nur Haupt und Träger sind zwischen den Ebereschenruten frei. Suchend äugt er einen Augenblick nach links. In diesem Moment hebe ich ein Stückchen die Büchse und senke den Kopf: Ich habe den Bock im Zielfernrohr, sehe das Mienenspiel des Angelockten, erkenne, wie er mich mit wachem Gesichtsausdruck anäugt. Ein Stechschritt zur Seite und mißtrauisch anmutend saugt er den Wind ein. Sein Körper strafft sich.

Jetzt springt er ab, durchzuckt es mich. Schnell aber gleichmäßig krümmt sich der Zeigefinger um den eingestochenen Abzug. Auf nur fünfzehn Schritt reißt das Geschoß den Bock von den Läufen. Erleichtert und schweißnaß springen wir hoch. Mein Freund schlägt mir begeistert auf die Schulter. Sein Weidmannsheil klingt wie eine Befreiung von kaum mehr erträglicher Anspannung.

Nach heißer Freude kalter Schrecken: Der Bock rührt sich, wird hoch und stürmt den Hang hinunter. Mechanisch repetiere ich, reiße den Büchsenschaft vor die Schulter und gehe mit dem Absehen auf dem Bock mit,

will schießen . . . aber da, der Bock schwankt und bricht nach wenigen Flüchten verendet zusammen.
Wir atmen auf. Ende gut, alles gut. Das schnelle 6,5-g-Geschoß der 6,5 × 68 hatte auf die sehr kurze Entfernung erst später seine Wirkung gebracht, obwohl die Kammer des Bokkes durchschossen war. Zäher als sonst scheint auch das Leben des Schalenwildes zur Zeit des Fortpflanzungstriebes, der Blattzeit.«

Ein hautnahes Erlebnis

Hier spielt der Jäger das Wild, das er bejagen möchte. Dabei ist es notwendig, daß er sich so in die jeweilige Situation des Tieres hineinversetzen kann, daß er auch ganz bestimmt im richtigen Moment die richtige Reaktion zeigt. Das Tier ist in jedem Moment wachsam, ständig bereit, sein Leben zu verteidigen.
Die Kunst des Blattens ist nicht allein die Kunst, auf dem Buchenblatt oder dem Grashalm Fieptöne abzugeben. R. M. Dranier schreibt noch: »Der Wind muß stimmen. Der Bock soll dort sein, wo man ihn vermutet. Der Standplatz des Jägers muß so ausgewählt sein, daß dieser den zustehenden Bock früh genug erkennen, also ansprechen kann. Wenigstens dreißig Meter Sichtfeld nach allen Seiten soll vorhanden sein, um auch einen herbeistürmenden Bock noch stoppen und schließlich auf ihn fertig werden zu können. Die ganze Skala der Fieplaute gilt es zu beherrschen: den leisesten, feinen, sich oft wiederholenden Kitzfiep; den einsilbigen (einfachsten), aber lauter klingenden Fiep ausgewachsener Rehe; den zweisilbigen Sprengfiep (fi-ä oder pi-u), den sich treibende Rehe ausstoßen; und das mehrsilbige, gellende Geschreifiepen, das hart vom Bock bedrängte Ricken erschallen lassen.«

Daumen und Zeigefinger schließen sich um den Hals. So kann das Iltisfrettchen nicht beißen. Wenn es auf die Jagd geht, bekommt das Tier einen Maulkorb und Glöckchen, damit es sich am Kaninchen nicht verbeißt und der Jäger immer hört, wo sein Frettchen gerade ist.

All diese verschiedenen Fieptöne kann man natürlich nur wiedergeben, wenn man sie einmal gehört hat, und zwar in der echten Situation, wenn das Tier diesen Laut von sich gegeben hat.
Es gibt so viele unberechenbare Situationen. Wie wird sich das Wild verhalten, wenn . . .? Der Jäger muß das vorausahnen, wissen.

Die Beizjagd

Dann gibt es noch eine Art von Jagd, die viel Erfahrung, Sachverstand, Liebe zum Tier und ein ungewöhnlich hohes Maß an Jagdpassion verlangt: die Beizjagd mit Greifvögeln. Gezähmt und abgerichtet, werden hierfür Falken (die Jagdart wird auch Falknerei genannt), Habichte und auch Adler verwendet.
Wie mühsam und wie beglückend die Jagd mit einem Beizvogel sein kann, geht am besten wieder aus einem direkten »Jagdbericht« eines Falkners hervor. Der »Niedersächsische Jäger« brachte in seiner Nummer 2/80 die Geschichte vom Werden und Sterben eines wunderbaren Beizvogels. Der Falkner Hermann Stieghahn bekam eines Tages von seinem Sohn einen Nestling aus Norwegen. Er erzählt:
»Als ›Frigga‹ ausgewachsen war, begannen die ersten Schwierigkeiten beim Abtragen. Solch eine Sturheit hatte ich noch bei keinem meiner Vögel erlebt. Stellte ich sie auf die Faust, ließ sie sich prompt wieder fallen – und das nicht nur einmal, sondern zigmal hintereinander. Trotz täglichen Übens kamen wir nicht weiter.
In der zweiten Woche bekam ich dann unerwartet Hilfe. Mein Freund Gerd verlebte seinen Urlaub in Braunschweig und half mir dann täglich drei bis vier Stunden ›Frigga‹ abzutragen. Nach der dritten Woche hatten wir es geschafft: Sie stand sicher auf der

Fuchs tot. Annette von Droste-Hülshoff hat das Signal bedichtet: »Hängt den Schelm, hängt den Schelm, hängt den Schelm, hängt ihn an die Weide! Mir den Balg, dir den Talg, dann lach'n wir alle beide. Der Schelm ist tot! Halali! Halali!«

Faust. Jetzt konnte die zweite Stufe der Ausbildung beginnen.
Ich brachte den Habicht vorsichtig in Jagdform und fing dabei an, ihn beireiten zu lassen. Die ersten fünfzig Zentimeter waren wieder eine große Klippe. Als ›Frigga‹ es dann aber einige Male riskiert hatte und ihre Belohnung bekam, gab es bis zu zwanzig Metern keine Schwierigkeiten mehr. Wir schafften es beide in drei Tagen, und es zeigten sich die Früchte des langen Tragens: ›Frigga‹ war ziemlich locke.
Nun begann für uns beide der große Schritt ins Unbekannte: Für mich ohne Lockschnur, für meinen Habicht der freie Flug und der Blick aus der Vogelperspektive – aber es ging gut. ›Frigga‹ hielt sich gleich ganz gut auf den Zweigen und zeigte auch von oben Appell. Sichtlich erleichtert zog ich mit ihr nach Hause.
Von nun an wurde täglich in Wald und Busch geübt, aber trotz der vielen Mühe, die ich mir mit ›Frigga‹ gab, blieb sie ein eigenwilliger Vogel. Stimmte die Kondition nicht auf das Genaueste, mußte ich damit rechnen, daß sie sich sofort selbständig machte. Durch das tägliche Fliegen im Walde wurde sie dann bald sehr fluggewandt.
Die Dritte im Bunde bei meinen Übungen war Heidi, eine kleine Münsterländerhündin. Beide, Hund und Vogel, gewöhnten sich bald aneinander, und es wurde sehr schnell das richtige Verhältnis hergestellt; stand ›Frigga‹ auf der Atzung und ›Heidi‹ kam ihr zu nahe, bekam sie sofort Prügel, das heißt, mein Habicht sprang ›Heidi‹ auf den Kopf, worauf sie sich aufjaulend mit einem Sprung in Sicherheit brachte. Im Juli war es dann soweit. Ich zog mit meinem Habicht in das Wassereinzugsgebiet am Stadtrand, Ödland, das mit Buschgruppen bewachsen ist – ein Paradies für Kaninchen. Nach einigen Minuten stand meine ›Heidi‹ vor. Ich wußte schon aus der Art des Vorstehens, daß es ein Flitzer war, der da vor mir lag. Ich suchte mir jetzt die günstigste Position aus, um an das Wild heranzukommen, denn ich wollte meinem Vogel den ersten Angriff so leicht wie möglich machen. Ideal war die Lage sowieso nicht, da sich in fünfzehn Meter Entfer-

Jagd vorbei. Es wurde zum Essen geblasen. Schüsseltreiben oder Knödelbogen heißt das rustikale Essen unter freiem Himmel.

nung ein schmaler Buschstreifen entlangzog. Ich versuchte, noch näher an das Kaninchen heranzukommen, doch das mißlang. Es sprang auf und suchte in der Flucht sein Heil. Mein Vogel schwang sich sofort von der Faust und griff dem Ausreißer in die Keulen, kurz bevor er in der Buschhecke verschwinden wollte.
Leider wurde ›Frigga‹ dann von den tiefhängenden Zweigen eines Eichenbusches abgestreift. Sie stand nun mit hängenden Schwingen und offenem

Der Jagdkönig erhält den Bruch. Jagdkönig ist der, der mit dem geringsten Patronenverbrauch die höchste Strecke erzielte.

Waidmannsheil mit Muffel und Damhirsch, waidgerecht mit den »letzten Bissen« versorgt.

Das Kitz ist getroffen. Die Kugel saß richtig.
Das Kitz wird aufgebrochen. Das ist wichtig, damit es schnell auskühlen kann. Großes Gescheide (Pansen oder Weidsack), kleines Gescheide (Darmkanal) und Geräusch (Herz, Lunge und Leber) werden dabei entfernt.

Schnabel da, bis ich sie mit einem Lockbissen zur Faust holte.
Ich versuchte nun, auf freier Fläche ein Kaninchen hochzumachen, was mir nach kurzer Zeit auch gelang. Sofort griff ›Frigga‹ ungestüm an, schlug dem Flitzer die Fänge in die Keulen, wurde mitgerissen, griff nach und stand dann, als ich heran war, auf der zusammengezogenen Beute.
Ich nickte das Kaninchen ab, und nun gönnte ich hocherfreut dem Vogel seine wohlverdiente Mahlzeit. Jetzt erst bekam er traditionsgemäß auf seiner ersten Beute seinen Namen. Anschließend zogen wir drei glücklich und zufrieden nach Hause.«
Die Geschichte geht noch sehr viel weiter. Vier Jahre hat Hermann Stieghahn mit seiner »Frigga« unendlich viele Hasen und auch Federwild und sogar Marder gefangen. Er verlor sie auf tragische Weise: »Frigga« verirrte sich eines Tages, landete auf einem Bauernhof, und als sie vor dem Scheunentor auf einem Huhn stand und kröpfte, kam der Hofhund und biß zu.

Die stumme Sprache des Jägers

Auf der Jagd haben die Jäger die Möglichkeit, sich untereinander so zu verständigen, daß es kein Ungebetener hört und bemerkt. Es sind das die Bruchzeichen. Es gibt neun Bruchzeichen, die den Jägern zur Verständigung genügen. Mit abgebrochenen, grünen Zweigen aus Eiche, Erle, Fichte, Kiefer oder Weißtanne bezeichnen sie Anschuß, Fährte oder Schweiß des Wildes oder sie schmükken den Hut des erfolgreichen Schützen.

Die Bruchzeichen

Sie haben nicht nur symbolischen Wert; Bruchzeichen sind auf Gesellschaftsjagden stumme Nachrichtenübermittler.
Ein Bruch ist ein gebrochener – nicht geschnittener – grüner Zweig mit einer bestimmten Bedeutung. Mit Tanne, Fichte, Kiefer, Eibe und bei Laubhöl-

zern mit Eiche und Erle legt der Jäger die lautlosen Signale:
Der Hauptbruch ist armlang und befegt, das heißt, die Rinde wird mit dem Messer entfernt, damit der Zweig besser auffällt. Der *Hauptbruch* bedeutet »Achtung!« – Schau dich um – hier ist was los! Der Hauptbruch liegt auf dem Boden, bei schlechtem Wetter (Schneetreiben) wird er aufgehängt.
Der *Leitbruch* soll den Jäger zum Geschehen hinleiten. Der Leitbruch liegt in der Nähe des Hauptbruches. Er ist auch befegt, aber nur halb so lang. Die gewachsene Spitze des Zweiges zeigt die Richtung an.
Der *Anschußbruch* steckt an der Anschußstelle senkrecht im Boden. Beim Anschußbruch wird die Rinde nicht abgeschabt, damit Fremde nicht neugierig werden.
Der *Fährtenbruch* zeigt die Richtung des angeschossenen und flüchtigen Stückes an. Beim männlichen Wild liegt das angespitzte Ende in Fluchtrichtung, beim weiblichen Wild die gewachsene Spitze. Ein anderer kleinerer Bruch liegt hinter dem eigentlichen Fährtenbruch; wird diesem noch ein zweiter zugefügt, bedeutet das, daß die Fluchtrichtung unbekannt ist.
Der *Warnbruch* wird von allen Zweigen und der Rinde freigeschabt. Das fällt auf, und der nachfolgende Jäger weiß nun, daß er vorsichtig sein muß. Vielleicht ist sein Hochsitz beschädigt.
Der *Wartebruch* ist ein wichtiges Verständigungszeichen. Der Jäger ist verabredet – muß aber den Platz vorzeitig verlassen. Er legt zwei abgebrochene, ungefähr armlange Brüche auf diesen Platz. Die Brüche bleiben unbefegt und werden gekreuzt. Das heißt nun: »Ich war hier, bitte warte!« Kann der andere nicht so lange warten, entfernt er die Seitenzweige der Brüche und legt sie gekreuzt so hin, daß die Mitte der beiden gewachsenen Spitzen in die Folgerichtung zeigt.
Der *Standplatzbruch* zeigt bei Waldjagden den Standort des Schützen. Er besteht aus einem Hauptbruch und einem Standbruch. Der Standbruch steckt senkrecht in der Erde; der Hauptbruch zeigt mit der gewachsenen Spitze die Folgerichtung.

Kesseltreiben

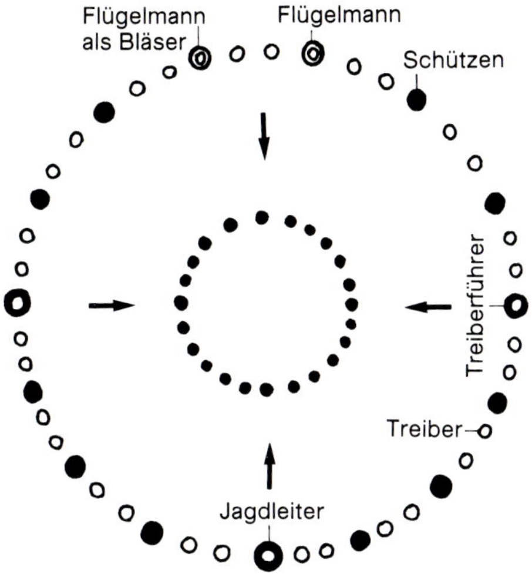

Art, Beschaffenheit des Reviers und natürlich auch sein Bestand bestimmen die Art der Jagd. Beim Kesseltreiben laufen Treiber und Schützen einen großen Kreis – auf Anweisung des Jagdleiters – aus. Ist der Kessel geschlossen, laufen Treiber und Schützen langsam auf die Mitte zu. Ist der Kreisdurchmesser auf wenige hundert Meter geschrumpft, gehen die Treiber in den Kessel, die Schützen drehen sich um und schießen nach außen.

Die böhmische Streife wird hauptsächlich auf großem Feldgelände ausgeübt. Schützen und Treiber laufen in Form eines offenen Rechtecks vorwärts.

Kesseltreiben und die böhmische Streife finden hauptsächlich auf dem Felde statt. Treibjagden im Walde sind meistens Vorstehtreiben oder Standtreiben. Die aufgestellten Schützen lassen sich das Wild von den Treibern zutreiben.

Böhmisches Treiben

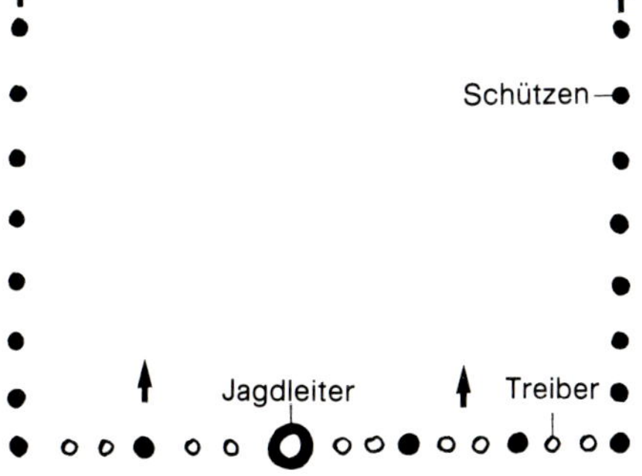

Die Jagdsignale sind nicht nur schön, sie haben auch einen Sinn. Die oft weit auseinanderstehenden Jäger verständigen sich durch das melodische Blasen.

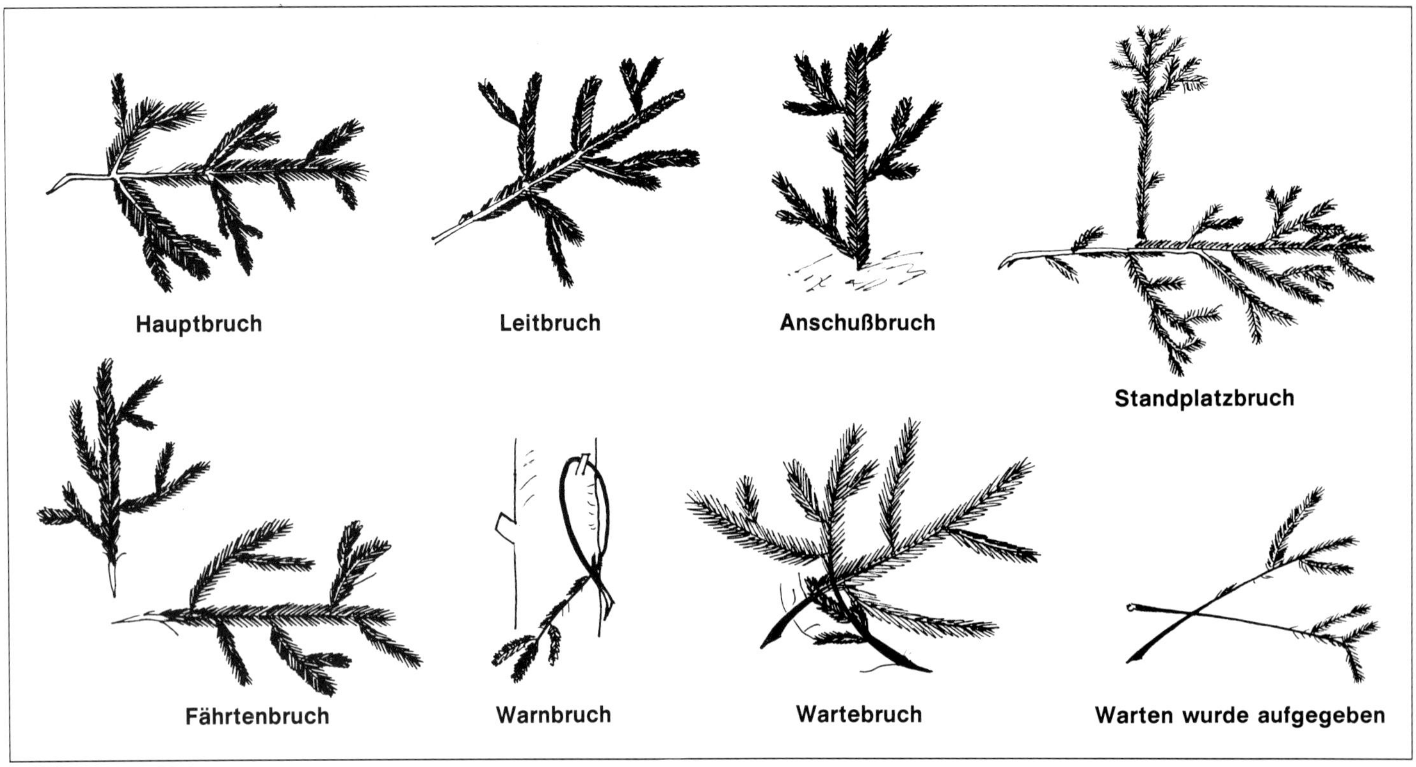

Strecke legen heißt, das geschossene Wild wird in Reihen ausgelegt. Alle Stücke liegen auf der rechten Seite, mit dem Haupt zum Jagdherrn. Bei der Hochwildstrecke folgt nach dem Rotwild das Damwild, Schwarzwild, Füchse und sonstiges Raubwild. Das Schalenwild bekommt den Inbesitznahmebruch, die männlichen Stücke außerdem noch den »letzten Bissen«.

Bei der Niederwildstrecke folgen nach dem Rehwild Füchse (und anderes Raubwild), dann Hasen, Kaninchen, Fasane und anderes Geflügel.
Bei gemischten Strecken liegt Hochwild vor dem Niederwild.

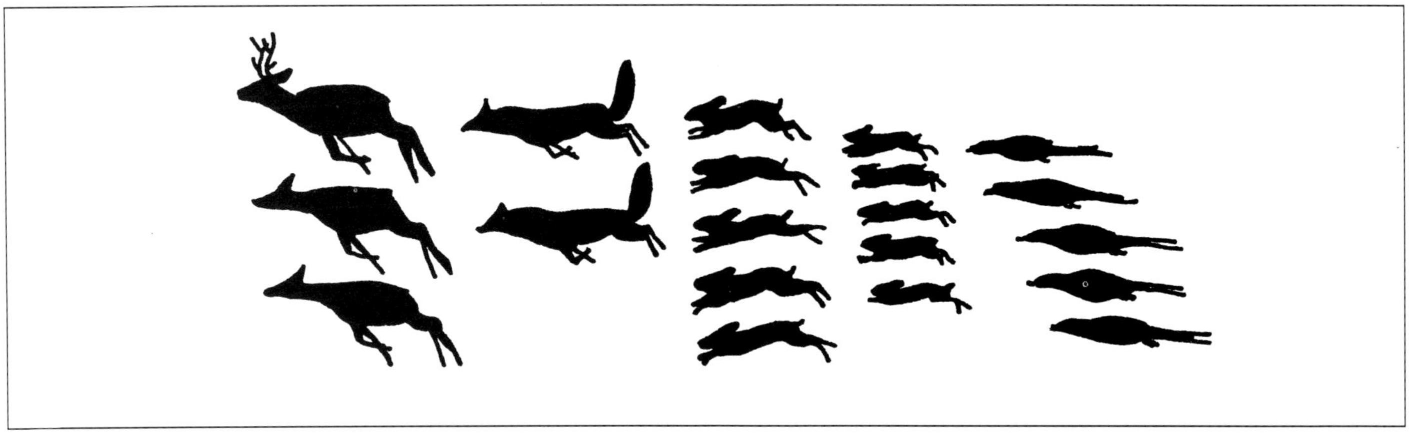

Das Wild in der Küche

Ein selbsterlegtes Stück Wild als Festtagsbraten mit Jagdfreunden zu genießen, ist ein Erlebnis, das mit keinem anderen Eßerlebnis zu vergleichen ist.
Der Jagderfolg wird auf der Zunge noch einmal erlebt.
Und vielleicht spürt jeder Jäger auch ein bißchen von dem Urjäger in sich, vielleicht ist es die uralte Freude und Zufriedenheit, die der Jäger empfunden hat, als es noch keinen Ackerbau und keine Tiere zum Schlachten gab – als es eben nur den Jäger gab, der seine Sippe ernähren konnte.

Die Jagd ist zu Ende. Die Vorbereitungen zum Hüttenschmaus beginnen.

Fasanenbrüstchen in Weinblättern auf Champagnerkraut – das ist kein Gericht für irgendeinen Dienstag oder Mittwoch. Ein Wildessen ist ein Festessen. Auch der Rehrücken ist immer noch etwas Besonderes. Selbst dann, wenn er fertig gespickt als Tiefkühlkost vom Supermarkt kommt.
Wie das Wild in die Küche kommt, ist für den Koch sehr wichtig. Wild von der Tiefkühltruhe aus dem Fachgeschäft oder dem Supermarkt kann bedenkenlos zubereitet werden.

Wer Wild vom Wildhändler kauft, muß sich auf ihn verlassen können, daß keine bleivergifteten Wildenten oder kranke Hasen in der Pfanne landen.

Wer aber von einem Freund, dessen Freund Jäger ist, ein Stück Wild geschenkt bekommt, sollte schon vorsichtiger sein. Wild aus unbekannten Händen für die Küche zu bekommen, ist nicht ungefährlich. Wer von »Fleischbeschau« keine Ahnung hat, sollte sich kein Wild im Federkleid schenken lassen. Bei jedem Tier müssen die inneren Organe fachmännisch begutachtet werden. Beim geringsten Zweifel verzichtet man lieber auf den Braten – oder geht zum Fachmann. Das kann eine Wildhandlung sein, das kann der Tierarzt oder aber der erfahrene Jäger sein.

Der Jagdscheinanwärter wird auf »Herz und Nieren« geprüft, ob er Wildbret als Lebensmittel beurteilen kann. Er muß alle wichtigen Krankheiten vor und nach dem Schuß erkennen können. Er muß wissen, welche Krankheiten auf den Menschen übertragen werden könnten. Er muß Seuchenkrankheiten identifizieren können, um sie dem Amtstierarzt zu melden.

Jeder Jäger – der auch gern ein Stück für seine Küche von der Strecke mit nach Hause nimmt – wird bei jedem Aufbrechen jedes Organ genau anschauen und das Aussehen der Organe, ihre Größe, Farbe, Konsistenz und den Blutgehalt überprüfen. Für jeden Jäger ist es wichtig, dies nach jeder erfolgreichen Jagd zu tun – denn nur die Praxis bringt hier die Sicherheit, die dem Koch oder der Köchin garantiert, einen genießbaren Braten in den Topf zu bekommen.

Abgehangen, aber nicht zu »reif«

Einwandfrei ist das Wildbret nur dann, wenn sicher ist, daß das Tier nicht krank war, daß es ordnungsgemäß aufgebrochen und versorgt und daß das Wildbret richtig gelagert wurde. »Schon ein kleiner Fehler beim Aufbrechen oder falsche Lagerung kann für Wildbret recht nachteilige Folgen haben, ja sogar zu dessen Verderb führen«, schreibt Dr. von Braunschweig im »Jäger« Nummer 8/78. Der Fachmann für Wildkrankheiten und Autor einer Serie über Wildbret schreibt weiter: »Das, was man bislang als ›Hautgout‹ des Wildbrets bezeichnet hat, ist nach meinem Dafürhalten der Beginn von ›Aasgeschmack‹.

So reif, daß das Fleisch die Geier in die Küche lockt, muß es nicht werden. Aber abgehangen muß es schon sein. Rotwild und Rehwild hängt am besten einige Tage in der Decke an einem kühlen, luftigen Ort. Das Fleisch wird mürbe und bekommt erst dadurch seinen typischen Wildgeschmack.

Wer sein Wildbret nicht sofort verzehren kann, bewahrt es am besten in der Tiefkühltruhe auf. Zwei Tage nach dem Erlegen – genau nach sechsunddreißig Stunden – ist das Wild soweit gereift, daß es eingefroren werden kann.

Wildbret vom Rotwild muß unbedingt vor dem Einfrieren sorgfältig von Feist gereinigt werden. Feist wird ranzig – auch in der Truhe –, und das Fleisch wird dadurch ungenießbar.

In der Gefriertruhe reift das Stück noch ein bißchen nach, und es ist mindestens ein Jahr haltbar, wenn die Temperatur stimmt: –18 bis –20 Grad.

Wildfleisch ist das eiweißreichste und das fettärmste Fleisch. Es ist sehr bekömmlich und hat wenig Kalorien. Deswegen ist Wildfleisch ideal für den gesundheits- und schlankheitsbewußten Genießer.

Die guten alten Beizen

In seligen Zeiten – als es noch keinen Kühlschrank gab – legte man das Wildfleisch vor allem zur Konservierung in Beizen. Jeder Jägerhaushalt schwor auf sein Beizenrezept. Heute verwendet man eine Beize nur noch, um einen zähen Braten mürbe zu machen. Feinschmecker schätzen den feinen würzigen Geschmack, der durch kurzes Beizen entsteht.

Junges zartes Wildfleisch muß nicht gebeizt werden, aber Bratenstücke von älteren Tieren sollten unbedingt vor ihrer Zubereitung einige Tage in einer Beize liegen. Die Beize – wenn sie mild ist – beeinflußt den Geschmack des Fleisches nur wenig.

Die Krönung nach der Jagd: Vor der Hütte wird das Selbsterlegte gegrillt. Vielleicht gibt es Leber und Herz?

Eine sanfte Beize ist die Buttermilchbeize. Das zerlegte Fleisch wird in eine Schüssel gelegt. In die Buttermilch kommen einige zerdrückte Wacholderbeeren. Die Fleischstücke werden mit der gewürzten Buttermilch übergossen, bis sie ganz bedeckt sind. Die Buttermilch muß jeden zweiten Tag abgegossen und durch frische ersetzt werden. Viermal kann die Buttermilch ersetzt werden – das Fleisch bleibt nämlich darin acht Tage lang frisch. Die Schüssel kommt nicht in den Kühlschrank, sondern nur an einen kühlen Ort, zugedeckt mit einem Leinentuch.

Für die Zubereitung wird das Wildfleisch nicht gewaschen, sondern mit einem in Essig getränkten Tuch fein abgerieben.

Wildfleischgerecht ist auch die Rotweinbeize. Viele Köche schwören darauf, weil sie den Wildgeschmack unterstützt und wirklich schön mürbe macht. Außerdem kann man die Rotweinbeize zum Aufgießen beim Braten verwenden.

Den mit dem gleichen Anteil Wasser verdünnten Essig in einen Topf geben; dazu eine geschnittene Zwiebel, Suppengrün, Pfefferkörner, Thymian, ein paar Korianderkörner, eine Zitronenschale und je einen Stengel von Rosmarin, Oregano und Basilikum. Das alles wird zehn Minuten im Essigwasser gekocht. Die Flüssigkeitsmenge wird nun mit Wein verdoppelt und noch einmal bis zum Kochen erhitzt. Die abgekühlte Beize wird dann über das Wildfleisch gegossen. Hase und Wildschwein bleiben ungefähr acht Tage frisch, Hirsch und Reh halten es zwei Tage länger aus. Jeden Tag sollte man das Fleisch in der Beize einmal wenden.

Die Essigbeize ist stark, aber wirkungsvoll. Für ein zähes Stück vom Hirsch oder von einem alten Rottier kann man nicht auf sie verzichten. Das Wildfleisch bleibt darin vierzehn Tage frisch. Sehr »wild« schmeckt das Fleisch dann allerdings nicht mehr – der Essig zieht den Geschmack aus den Poren.

Für die Essigbeize wird Essig mit dem gleichen Anteil Wasser verdünnt und mit einer geschnittenen Zwiebel und Suppengrün, Gewürzkörnern, Thymian, Wacholderbeeren und Lorbeerblättern zehn Minuten durchgekocht. Nach dem Abkühlen wird die Beize über das Fleisch gegossen, so daß alle Stücke gut bedeckt sind. Einmal am Tag werden dann alle Fleischteile in der Beize gewendet.

Bei der Zubereitung sollte man mit Fett nicht sparen, damit das Wildfleisch nicht zu trocken wird. Es muß langsam im geschlossenen Topf braten oder garen.

Es gibt eine Fülle von Zubereitungsarten für jede Wildtierart, und es gibt viele, wundervolle Rezepte für die Wildküche in speziellen Kochbüchern für den Jägersmann.

Pilze – die ideale Beilage für viele Wildgerichte, für ein Hirschsteak zum Beispiel.

»Die Jagd hat wie jede menschliche Beschäftigung verschiedene Stufen. Wie wenig bleibt bei einer solchen Art, die Jagd auszuüben, von dem übrig, was zu Bezeichnungen wie Zerstreuung, Vergnügen, Unterhaltung Anlaß gegeben hat! Das Jagen ist auf diese Weise ein hartes Unterfangen, das viel vom Menschen verlangt:
Man muß sich in ständiger Übung halten, äußerste Müdigkeit ertragen und Gefahren auf sich nehmen. Es birgt eine ganze Moral in sich, und zwar von der hervorragendsten Art. Denn der Jäger, der sich die sportliche Moral zu eigen macht, fügt sich ihrem Gebot in der größten Einsamkeit, ohne andere Zeugen und anderes Publikum als die Gebirgszacken, die wandernde Wolke, die düstere Eiche, den zitternden Sadebaum und das flüchtige Tier.«

José Ortega y Gasset

Für die Bibliothek des Jagdfreundes

Hans Behnke
Hege und Jagd im Jahreslauf
BLV Verlagsgesellschaft, München

*

Fritz von Oehsen
Jäger-Einmaleins
Landbuch-Verlag GmbH, Hannover

*

Hilde Schwoyer
Ausbildung und Haltung des Jagdhundes
Kosmos-Hundebibliothek

*

Hans Behnke
Jagdbetriebslehre
Verlag Paul Parey, Hamburg

*

Dr. Günther Trommer
Greifvögel – Lebensweise, Schutz und Pflege der Greifvögel und Eulen
Verlag E. Ulmer, Stuttgart

*

Ferdinand von Raesfeld
Das Rehwild
Naturgeschichte, Hege und Jagd
Neu bearbeitet von A. H. Neuhaus und Dr. K. Schaich
Verlag Paul Parey, Hamburg

*

Heribert Kalchreuther
Die Sache mit der Jagd
Pro und Kontra
BLV Verlagsgesellschaft, München

*

A. von Braunschweig
Wildkrankheiten
Landbuch-Verlag GmbH, Hannover

*

W. Frevert
Wörterbuch der Jägerei
Verlag Paul Parey, Hamburg

*

Haglund - Claesson
Die Jagdwaffe und der Schuß
Verlag Paul Parey, Hamburg

Hansen - von Bülow - Lotze
Das Ansprechen des Damschauflers
Verlag M. & C. Schaper, Hannover

*

R. Henning
Die Waffen-Sachkunde-Prüfung
BLV Verlagsgesellschaft, München

*

W. Knaus - W. Schröder
Das Gamswild
Verlag Paul Parey, Hamburg

*

Mitzschke - Schäfer - Engländer
Kommentar zum Bundesjagdgesetz und Ländergesetze
Verlag Paul Parey, Hamburg

*

Ferdinand von Raesfeld
Die Hege in freier Wildbahn
Neubearbeitung von H. Behnke
Verlag Paul Parey, Hamburg

*

E. Schäfer
Hegen und Ansprechen von Rehwild
BLV Verlagsgesellschaft, München

*

K. Snethlage
Das Schwarzwild
Verlag Paul Parey, Hamburg

*

F. Vorreyer
Das Ansprechen des Rotwildes
Verlag Paul Parey, Hamburg

*

Deutsches Jagdmuseum München
Zeitschriftenreihe museum
Georg Westermann Verlag, Braunschweig

*

Heinz Meynhardt
Schwarzwildreport
Vier Jahre unter Wildschweinen
Verlag Neumann-Neudamm, Melsungen

H. Popp
Waffenkunde und Schießlehre für Jäger
Verlag Neumann-Neudamm, Melsungen

*

Wilhelm Baak
Hütten – Kanzeln – Leitern – Zäune
Verlag Neumann-Neudamm, Melsungen

*

Brandt - Behnke
Fährten- und Spurenkunde
Verlag Paul Parey, Hamburg

*

Diezels Niederjagd
Verlag Paul Parey, Hamburg

*

Alice Groß
Der brauchbare Jagdhund
Landbuch - Verlag GmbH, Hannover

*

A. Usinger - H. Behnke
Die Ruf-, Lock- und Reizjagd
Verlag Paul Parey, Hamburg

Bildquellen

Hansgeorg Arndt: Vorsatz, Seiten 27, 37, 39 (3mal), 55, 71, 73, 75, 76, 77, 85, 91, 92, 102, 104, 105, 110, 129, 155, 168, 198, 201, 207

Karin Arndt: Seiten 14, 18, 219

Julius Behnke: Seite 21

Hans-Dieter Brandl: Seiten 11, 48 (2mal), 62, 68, 84, 93, 94, 103, 128, 147, 150/151, 180/181, 209

Manfred Danegger: Seiten 2, 16, 51, 58, 63, 65, 69, 74, 77, 88/89, 94, 121, 156/157, 186/187, 216

Deutsches Jagdmuseum: Seiten 174, 175, 176 (2mal), 189, 192, 194, 195 (3mal)

Jürgen Diedrich: Seiten 23, 47, 66/67, 71, 78, 79, 90, 92, 124/125, 126

Dynamit Nobel AG: Seiten 178, 179

Heinz Ehrenkäufer: Seite 201

Martin Gruber: Seiten 4/5, 212

Gruner & Jahr-Archiv, Käthe Lehner: Seiten 25, 170, 171, 196

Werner Henkel: Seiten 20, 22, 25, 41, 45 (2mal), 136, 137 (2mal)

Bernd Kerber: Seiten 38, 111 (3mal), 122, 212

Werner Layer: Seiten 1, 140, 146

Karl Heinz Löhr: Seiten 72, 108, 109, 112, 114, 115, 118/119, 141, 142/143, 144, 147, 153, 190

Robert Maier: Seiten 40, 55, 64, 81, 96, 108, 131, 138/139, 205, 208 (2mal)

Hans-Jürgen Markmann: Seiten 83, 107, 120, 160, 220

Bertram Münker: Seite 147

Stefan Meyers: Seiten 6/7, 9, 10, 15, 25, 26, 30, 42 (3mal), 50, 60, 98/99, 198, 206

Horst Niesters: Titel, Seiten 30, 32, 34, 44, 55, 56 (3mal), 59, 61, 70, 80, 100, 113, 135, 158, 159, 164/165 (7mal), 168, 173, 183, 191, 193, 202, 207, 222

Heinrich Ritter: Seiten 69, 204

Walther Rohdich: Seiten 45, 116, 161

Otmar Scharbert: Seite 190

Walter Sittig: Seiten 49, 106, 123, 149, 152

Frithjof Skibbe: Seiten 154, 203

Ekkehart Steinborn: Seiten 126, 211

Walter Tilgner: Seiten 8, 52/53, 54, 132, 133, 162, 214/215

Maria Traub: Seiten 11, 112, 166, 167, 196, 200

Jürgen Weber: Seiten 95, 218

Horst Wöhler: Seite 57

Günter Ziesler: Seiten 12/13, 28/29, 184, 190, 197

Die Bildredaktion dankt der GDT für ihre freundliche Hilfe.

Textquellen

Dr. Richard Blase
Die Jägerprüfung
Melsungen

Jäger (Deutsche Jäger-Zeitung)
Hamburg

R. R. Hofmann
Wildbiologische Informationen für den Jäger
St. Gallen

Jagd und Hege
St. Gallen

Die Pirsch
München

Wild und Hund
Hamburg

Heribert Kalchreuter
Die Sache mit der Jagd
München

Fritz Nüßlein
Jagdkunde
München

José Ortega y Gasset
Meditationen über die Jagd
Stuttgart

Alwin Rühle
Die Jagd
Troisdorf

Niedersächsischer Jäger
Hannover

A. u. J. von Bayern
Über Rehe
München

C. J. Bucher
Das Buch der Jagd
Luzern und Frankfurt

Naturopa
Europäisches Informationszentrum für Naturschutz beim Europarat
Straßburg

Hans Behnke
Jagdbetriebslehre
Hamburg

Die Autoren

Prof. Dr. R. R. Hofmann
Dozent an der Justus-Liebig-Universität, Gießen, Vorstand des Arbeitskreises Wildbiologie und Jagdwissenschaft an der JLU, Gießen, zehnjährige Forschungsarbeit in Afrika. Viele wissenschaftliche Publikationen, aktiver Jäger.

Dr. Walter Oehry
Jurist, Mitglied der Liechtensteinischen Regierung, als Regierungsrat verantwortlich für das Ressort Land- und Forstwirtschaft. Autor vieler jagdphilosophischer Publikationen und Leitartikel in der Schweizer Jagdzeitschrift »Jagd und Hege«, aktiver Jäger.

Prof. Dr. Alexander Herzog
Tierarzt, Hochschullehrer, Professor am Institut für Zuchthygiene und veterinärmedizinische Genetik des Fachbereichs Veterinärmedizin und Tierzucht der Justus-Liebig-Universität, Gießen, Mitbegründer des Arbeitskreises für Wildbiologie und Jagdwissenschaft an der JLU, Gießen, aktiver Jäger.

Dr. Gerhard Frank
Jurist, Präsident des Landesjagdverbandes Bayern, Vizepräsident des Deutschen Jagdschutzverbandes, Leiter der Deutschen Delegation im Internationalen Jagdrat zur Erhaltung des Wildes, Vorsitzender des Vorstandes der Stiftung Deutsches Jagdmuseum, aktiver Jäger.

Karin Arndt
Journalistin und Sachbuchautorin

Dr. J. G. Hasenkamp
Oberforstmeister in Stadtallendorf-Schweinsberg, Waldbauer, passionierter Jäger.

Horst Niesters
Berufenes Mitglied der Deutschen Gesellschaft für Photographie (DGPh), der Association Sportive de la Chasse Photographique Francaise (ASCPF), der Royal Photographic Society of Great Britain (RPS) und beratender Experte der argentinischen Delegation im Conseil International de la Chasse (C.I.C.).

Inhalt

1. Auflage 1981
M 13

Konzeption Offizin Hopf & Partner, München
Redaktion Dr. Dieter Struss
Bildredaktion Karin Arndt
Fachliche Beratung Hans-Gerhard Riedmann
Umschlag Zembsch' Werkstatt
Gestaltung Ellen Jonas
Gesamtherstellung
Salzer - Ueberreuter, Wien
ISBN 3 7057 4103 9
Printed in Austria 1981